电力企业
网络与信息
安全教程

国网浙江省电力有限公司信息通信分公司　组编

中国电力出版社
CHINA ELECTRIC POWER PRESS

内 容 提 要

本书是国家电网公司信息安全蓝队的基础教程，主要介绍了网络与信息安全概述、理论基础、风险和挑战、技术及管理五方面的内容。本书依托专业体系，从电力企业实情出发，结合国家电网公司网络基础设施和重要信息系统安全保障的实际需求，以知识体系的全面性和实用性为原则，系统地介绍了网络与信息安全的基本理论和应用技术。

本书可供国家电网公司系统各单位信息安全蓝队培训使用，也可供对网络与信息安全感兴趣的读者阅读使用。

图书在版编目（CIP）数据

电力企业网络与信息安全教程 / 国网浙江省电力有限公司信息通信分公司组编 . —北京：中国电力出版社，2018.10

ISBN 978-7-5198-2338-2

Ⅰ . ①电… Ⅱ . ①国… Ⅲ . ①电力工业－工业企业－计算机网络－信息安全－中国－教材 Ⅳ . ① F426.61 ② TP393.08

中国版本图书馆 CIP 数据核字（2018）第 192265 号

出版发行：中国电力出版社
地　　址：北京市东城区北京站西街 19 号（邮政编码 100005）
网　　址：http://www.cepp.sgcc.com.cn
责任编辑：刘丽平（liping-liu@sgcc.com.cn）
责任校对：黄　蓓　朱丽芳
装帧设计：赵丽媛　张俊霞
责任印制：石　雷

印　　刷：三河市航远印刷有限公司
版　　次：2018 年 10 月第一版
印　　次：2018 年 10 月北京第一次印刷
开　　本：787 毫米 ×1092 毫米　16 开本
印　　张：10.75
字　　数：236 千字
定　　价：45.00 元

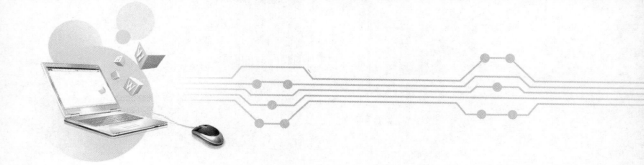

编委会

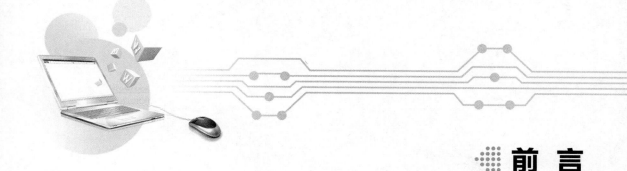

前　言

　　随着信息技术在各行业的广泛应用，企业信息化程度越来越高，企业发展对信息技术的依赖程度越来越高，网络与信息系统的基础性作用日益增强，网络与信息安全已经成为企业精益化管理、生产经营活动的重要保障，是企业安全生产的重要组成部分。近年来，网络信息系统不断遭受攻击，安全形势非常严峻。2017 年 6 月 1 日，我国第一部全面规范网络空间安全管理方面问题的基础性法律——《中华人民共和国网络安全法》开始实施。它将近年来一些成熟的好做法制度化，并为将来可能的制度创新做了原则性规定。因此，深入了解和全面掌握网络与信息安全管理理论、技术知识和实战技能已成为企业网络与信息安全管理和技术人员的迫切需求。

　　信息安全涉及大量的知识体系和相关制度等方方面面，并随着信息化处于不断革新中，信息安全人员技能需求也在不断对抗中持续增加，从最初"知"、"会"发展到"控"，从懂技术到管理技术并重。本书编者在长期的信息安全实践中，也经历了常见网络安全设备操作、安全加固、安全制度建立、信息安全体系化全过程，并持续总结思考、不断吸收借鉴行业最佳实践，逐步打造出一支"知攻善防"的信息安全防护队伍（蓝队）。

　　本书是信息安全蓝队的基础教程，以网络与信息安全理论知识为基础，以电力行业网络与信息安全管理实际为背景，阐述网络与信息安全概述、理论、现状、技术和管理等五大方面内容。通过网络对本书的学习，信息安全蓝队更加准确地理解网络与信息安全基本原则、网络与信息安全基础知识与管理要求、网络与信息安全技术等内容，能够初步掌握网络与信息安全攻击与防护手段，进一步提升信息安全蓝队整体理论水平和技术能力。

编者

2018 年 9 月

目 录

概　　述

1.1　网络与信息安全发展历史

1.1.1　网络与信息安全起源

人类在很久以前就开始尝试通过秘密的文字来传递信息，最早的安全事件出现在古罗马的凯撒时期（约公元前 51 世纪），由于通信泄露导致军队溃败，这成为史料记载的第一次网络与信息安全事件。随后罗马国王凯撒发布了自己的加密方法，即使用单表加密体制，这被称为密码学的第一个起源。由于单表密码通过概率的方式极容易被破解，16 世纪时，亨利三世改进了单表加密的凯撒密码体制，形成了维吉尼亚密码体制，这以后密码正式进入了多表密码体制时代。在随后的美国南北战争，多表替代体制大放异彩，Vigenere 密码和 Beaufort 密码是多表代替密码的典型例子。与此同时，密码破译技术也在飞速进步，W. Firedman 在 1918 年所作的使用重合指数破译多表密码成为密码学上的里程碑，随后各国军方对此进行深入研究，一度使得当时世界范围的密码体制遭到冲击。1949 年，香农（C. Shannon）的《保密系统的通信理论》一文在《贝尔系统》杂志上发表，它一方面把密码学从艺术提升到了科学，另一方面也标志着多表替代体制密码的结束。

1.1.2　国际网络与信息安全发展史

国际上网络与信息安全发展大致经历了 4 个时期。

第一个时期是通信安全时期，其主要标志是 1949 年香农（C. Shannon）发表的《保密系统的通信理论》一文。在这个时期通信技术还不发达，电脑只是零散地位于不同的地点，信息系统的安全仅限于保证电脑的物理安全以及通过密码（主要是序列密码）解决通信安全的保密问题。把电脑安置在相对安全的地点，不容许非授权用户接近，就基本可以保证数据的安全了。这个时期的安全性是指信息的保密性，对安全理论和技术的研究也仅限于密码学。这一阶段的网络与信息安全可以简称为通信安全。它侧重于保证数据在从一地传送到另一地时的安全性。

第二个时期为计算机安全时期，其主要标志是 1983 年美国国防部《可信计算机系统评价准则》（Trusted Computer System Evaluation Criteria，TCSEC）的发布。在 20 世纪 60 年代后，半导体和集成电路技术的飞速发展推动了计算机软、硬件的发展，计算机和网络技术的应用进入了实用化和规模化阶段，数据的传输已经可以通过电脑网络来完成。这时候的信息已经分成静态信息和动态信息。人们对安全的关注已经逐渐扩展为以保密性、完整性和可用性为目标的网络与信息安全阶段，主要保证动态信息在传输过程中不被窃取，即使窃取了也不能读出正确的信息；还要保证数据在传输过程中不被篡改，让读取信息的人能够看到正确无误的信息。

1977 年美国国家标准局（NBS）公布的国家数据加密标准（DES）和 1983 年美国国防部公布的《可信计算机系统评价准则》（TCSEC，俗称橘皮书，1985 年再版），标志着解决计算机信息系统保密性问题的研究和应用迈上了历史的新台阶。

第三个时期是在 20 世纪 90 年代兴起的网络时代。在网络时代，由于互联网技术的飞速发展，信息无论在企业内部还是外部都得到了极大的开放，而由此产生的网络与信息安全问题跨越了时间和空间，网络与信息安全的焦点已经从传统的保密性、完整性和可用性三个原则衍生为诸如可控性、抗抵赖性、真实性等其他的原则和目标。

第四个时期是进入 21 世纪的网络与信息安全保障时代，其主要标志是 1999 年美国国家安全局《信息保障技术框架》（Information Assurance Technical Framework，IATF）的发布。如果说对信息的保护，主要还是处于从传统安全理念到信息化安全理念的转变过程中，那么面向业务的安全保障，就完全是从信息化的角度来考虑信息的安全了。体系性的安全保障理念，不仅是关注系统的漏洞，还从业务的生命周期着手，对业务流程进行分析，找出流程中的关键控制点，从安全事件出现的前、中、后三个阶段进行安全保障。面向业务的安全保障不是只建立防护屏障，而是建立一个深度防御体系，通过更多的技术手段把安全管理与技术防护联系起来，不再是被动地保护自己，而是主动地防御攻击。也就是说，面向业务的安全防护已经从被动走向主动，安全保障理念从风险承受模式走向安全保障模式。网络与信息安全阶段也转化为从整体角度考虑其体系建设的网络与信息安全保障时代。

1.1.3　国内网络与信息安全发展史

在中国，根据法律、标准、管理、技术与市场、应用系统、人才等多个因素衡量，计算机安全和网络与信息安全的发展应该分 3 个阶段。

1. 宣传启蒙阶段

这个阶段在 20 世纪 80 年代后半期。标志为 1986 年由缪道期牵头的中国计算机学会计算机安全专业委员会正式开始活动，以及 1987 年国家信息中心信息安全处（我国第一个专门安全机构）的成立，反映出中国的计算机安全事业开始起步。

这个阶段的典型特征是国家尚没有相关的法律法规，没有较完整的专门针对计算机系统安全方面的规章，安全标准也少，也谈不上国家的统一管理，只是在物理安全及保密通信等个别环节上有些规定；广大应用部门也基本上没有意识到计算机安全的重要性，只有少数有安全意识的人开始在实际工作中进行摸索。

在此阶段，计算机安全的主要内容就是实体安全，80 年代后期开始了防计算机病毒及计算机犯罪的工作，但都没有形成规模。

2. 开始阶段

该阶段时间跨度为 20 世纪 80 年代末至 90 年代末。从 20 世纪 80 年代末以后，随着我国计算机应用的迅速拓展，各个行业、企业的安全需求也开始显现。除了此前已经出现的病毒问题，内部信息泄露和系统宕机等也成为企业不可忽视的问题。此外，90

年代初，世界信息技术革命使许多国家把信息化作为国策，美国"信息高速公路"等政策也让中国意识到了信息化的重要性。在此背景下，我国信息化开始进入较快发展期，中国的计算机安全事业也开始起步。这个阶段有以下两个重要标志：

（1）1994 年，公安部颁布了《中华人民共和国计算机信息系统安全保护条例》，这是我国第一个计算机安全方面的法律，较全面地从法规角度阐述了关于计算机信息系统安全相关的概念、内涵、管理、监督、责任。

（2）这个时期许多企事业单位开始把网络与信息安全作为系统建设中的重要内容之一来对待，加大了投入，开始建立专门的安全部门来开展网络与信息安全工作；一大批基于计算机及网络的信息系统建立起来并开始运行，在本部门业务中起到重要作用，成为不可分割的部分，如金融与税务业。可以说，企事业界对网络与信息安全的重视对整个网络与信息安全学术发展起到了推动作用，这是产业市场发展的关键之一。

还有一个不能不提到的变化是，在 20 世纪 90 年代，一些学校和研究机构开始将网络与信息安全作为大学课程和研究课题，安全人才的培养开始起步，这也是中国安全产业发展的重要标志。

3. 逐渐走向正轨阶段

该阶段的时间跨度为 20 世纪 90 年代末至今。从 1999 年前后到现在，中国安全产业进入快速发展阶段，逐步走向正轨。

标志中国安全产业走向正轨的最重要特征，就是国家高层领导开始重视网络与信息安全工作，政府出台了一系列重要政策、措施。1999 年国家计算机网络与信息安全管理协调小组和 2001 年国务院信息化工作办公室成立专门的小组，负责网络与信息安全相关事宜的协调、管理与规划。2013 年 11 月，国家安全委员会成立。在此基础上，中央网络安全和信息化领导小组于 2014 年 2 月成立，负责制定实施国家网络安全和信息化发展战略。2016 年 4 月，习近平总书记在网络安全和信息化工作座谈会上指出，要加快构建关键信息基础设施安全保障体系，增强网络与信息安全防御能力和威慑能力。这些都是国家网络与信息安全走向正轨的重要标志。

我国在网络与信息安全方面的法律、规章、原则、方针上都在不断的尝试，探索，并发布了一系列文件。其中最为关键最为重要的就是《中华人民共和国网络安全法》（简称《网络安全法》），它于 2013 下半年提上日程，2014 年形成草案，2015 年初形成征求意见稿，同年 6 月一审，2016 年 6 月二审，同年 10 月底三审，11 月 7 日大会通过，2017 年 6 月 1 日起施行。

这个阶段安全产业和市场开始迅速发展，增长速度明显加快。1998 年中国网络与信息安全市场销售额仅 4.5 亿元人民币左右，之后 10 年以惊人的速度发展，至 2017 年，市场预计接近 440 亿元人民币。其中，中国自主研发、自主生产的安全设备发展较快，品种也逐步健全。

1.1.4 世界主要国家和地区网络与信息安全法律法规发展历程

世界各国都把危害网络与信息安全视作违反《联合国宪章》的行为，一些区域性国际组织明确强调网络与信息安全是国际安全体系的重要组成部分。以信息流控制能量流和物质流，剥夺敌对方的合法信息权，已成为现代危害敌对方国家安全的一种重要方式，且这种危害方式已经从技术领域扩展到了法理领域。保障网络信息系统的安全和信息的可用性、保密性、完整性和真实性，已被世界各国广泛关注，国际上也陆续诞生了多个相关的国际公约。

（一）美国历来将网络与信息安全视作维护国家安全的重要内容并保障其优先发展

作为互联网诞生地的美国，是世界上第一个引入网络信息战略概念和将网络与信息安全应用于现实军事、文化和经济领域的国家，其网络与信息安全法律法规体系系统较完善，具有连续性。美国坚持将网络与信息安全保障体系作为系统工程来建设，其内容不仅涉及网络与信息安全的技术保障，还包括相关的政策方针、法制建设、组织结构、管理体制以及人才培养和国际合作保障，等等。

1946 年出台的《原子能法》与《1947 年国家安全法》，是美国网络与信息安全法律萌芽阶段的标志。自 1978 年以来，美国国会及政府各部门先后通过了 130 余项法律法规。1993 年，克林顿政府提出了系统兴建涉及网络与信息安全的《国家信息基础结构：行动纲领》，即信息高速公路计划；2000 年 1 月，美国政府颁布了《保卫美国的计算机空间—保护信息系统的国家计划》，同年，美国总统克林顿又提出《信息系统保护国家计划》，进一步强化了国家网络信息基础设施保护的概念，使网络与信息安全成为国家安全战略的正式组成部分，正式进入国家安全战略框架。2001 年发布《信息时代的关键基础设施保护》，2003 年 2 月，布什政府发表了《国家网络安全战略》报告，正式将网络与信息安全提升至国家安全的战略高度，从国家战略全局对网络信息的正常运行进行谋划，以确保国家和社会生活的安全与稳定。

（二）欧盟维护网络与信息安全的法律法规体系建设得到积极推进

以保障整个欧洲网络与信息安全为目标的区域性国际组织——欧洲联盟的网络与信息安全规制，是一个由欧盟一体化立法、成员国国内立法、综合立法和专项立法共同构建的多层次法律体系。1992 年的《信息安全框架决议》翻开了欧盟网络与信息安全立法的新篇章。1995 年，欧盟理事会在《关于合法拦截电子通信的决议》中提出了网络环境下公权力行使与人权保护制衡的问题。1999 年，欧洲议会和欧盟理事会通过《关于采取通过打击全球互联网上的非法和有害内容以促进更安全使用互联网的多年度共同体行动计划第 276/1999/EC 号决定》，强调必须安全使用网络，为欧盟介入互联网管制，杜绝种族歧视、分裂主义等非法和有害网络信息提供法律依据。1999 年，欧盟委员会在《欧盟条约》第 34 款的基础上，起草《关于打击计算机犯罪协议的共同宣言》，规定各成员国必须在协议所定义的犯罪范围内建立适当权限，支持建立预防犯罪和相互援助的合作，支持采纳高科技犯罪数据存储的规定，遵从欧盟关于解除和使用业务资料的有关规定，支持通过跨国界的计算机搜索调查严重刑事犯罪。欧盟的这些法律比较早地对保障网络与信息安全的若干重要法律问题进行了初步规范，具有先行探索的实践作用和极其重要的理论意义。

（三）俄罗斯坚持不断完善网络与信息安全立法，健全国家保障体系

1995 年，《俄罗斯宪法》把网络与信息安全纳入了国家安全管理范围，颁布《联邦信息、信息化和信息网络保护法》，强调了国家在建立网络信息资源和网络信息化中的法律责任。同年，制定了《建立科学和高效的国家计算机远程通信网络》跨部委计划。

1997 年，《俄罗斯国家安全构想》明确提出，保障国家安全应把保障经济安全放在第一位，而网络与信息安全又是经济安全的重中之重。俄罗斯依法明确网络与信息安全的重要地位，积极推进国家安全战略建设。2000 年 6 月，俄罗斯安全委员会通过《国家信息安全学说》，明确了联邦网络与信息安全建设的目的、任务、原则和主要内容，对国家网络与信息安全面临的问题及网络信息战武器装备现状、发展前景和防御方法等进行详尽论述，阐明俄罗斯在网络与信息安全方面的立场、观点和基本方针，提出在该领域实现国家利益的手段和相关措施。俄罗斯国家安全具体包括经济安全、国防安全、环境安全和网络与信息安全等方面，明确了网络与信息安全是国家安全的基础。

（四）中国积极推进网络与信息安全法律法规立法进程，发布施行《中华人民共和国网络安全法》

伴随着网络信息技术的高速发展，中国在网络与信息安全方面的法制建设工作取得了长足的进步。有关网络与信息安全方面的法律、法规规范体系目前基本构成，国家安全部、国家保密局、国家广播电视总局、信息产业部、公安部、文化部等执法国属部门为保护我国网络信息事业不受侵害发挥了至关重要的作用。2016 年前，我国网络信息的安全法律法规体系的建设，大致上效仿"渗透型"模板，即国家没有独立制定相关的网络与信息安全法律规范，而是把涉及网络与信息安全的立法思想渗透、加入到其他的法律法规、部门规章和司法解释中去。

《中华人民共和国网络安全法》于 2016 年 11 月 7 日发布，自 2017 年 6 月 1 日起施行。它是我国网络空间法制建设的重要里程碑，是依法治网、化解网络风险的法律重器，是让互联网在法治轨道上健康运行的重要保障。其内容主要体现了以下三个基本原则：

（1）网络空间主权原则。网络空间主权是一国国家主权在网络空间中的自然延伸和表现。《联合国宪章》确立的主权平等原则是当代国际关系的基本准则，覆盖国与国交往各个领域，其原则和精神也应该适用于网络空间。各国自主选择网络发展道路、网络管理模式、互联网公共政策和平等参与国际网络空间治理的权利应当得到尊重。

（2）网络安全与信息化发展并重原则。安全是发展的前提，发展是安全的保障，安全和发展要同步推进。网络安全和信息化是一体之两翼、驱动之双轮，必须统一谋划、统一部署、统一推进、统一实施。《网络安全法》第 3 条明确规定，国家坚持网络安全与信息化并重，遵循积极利用、科学发展、依法管理、确保安全的方针；既要推进网络基础设施建设，鼓励网络技术创新和应用，又要建立健全网络安全保障体系，提高网络与信息安全保护能力，做到"双轮驱动、两翼齐飞"。

（3）共同治理原则。坚持共同治理原则，要求采取措施鼓励全社会共同参与，政府部门、网络建设者、网络运营者、网络服务提供者以及网络行业相关组织、高等院校、职业学校、社会公众等都应根据各自的角色参与网络与信息安全治理工作。

除此之外，《网络安全法》特别强调要保障关键信息基础设施的运行安全。关键信息基础设施是指那些一旦遭到破坏、丧失功能或者数据泄露，可能严重危害国家安全、国计民生、公共利益的系统和设施。网络运行安全是网络与信息安全的重心，关键信息基础设施安全则是重中之重，与国家安全和社会公共利益息息相关。

综上所述，虽然世界上一些区域性国际组织和国家不断加快维护网络与信息安全的立法与司法，相关法治建设也取得了一定成效，但鉴于网络信息领域的破坏与犯罪行为具有无国界限制、隐蔽性强、显效极快、破坏力大、危害面广、网络行为模式与传统行为模式截然不同等显著特点，以及大大超出了已有国际法和国家法律的规范范围，因此，目前制定国际法层面的维护网络与信息安全的法律还比较困难。

1.2 网络与信息安全的特征和范畴

1.2.1 网络与信息安全的特征

与传统安全相比，网络与信息安全有 4 个鲜明特征，即系统性、动态性、无边界性和非传统性。

（1）网络与信息安全是系统的安全。网络与信息安全问题是复杂的。信息化发展以巨大的力量推动着人类社会生存方式的重大变革，这一变革使人类面对前所未有的复杂环境：一个无所不在、全球互联互通的国际化网络空间，无数广域覆盖的、大规模复杂专用网络信息系统，品种多样的海量计算设备与信息处理终端。在这个"人-机"、"人-网"紧密结合的复杂系统中，某一分支或某一要害受到损害，均可能引发全局性的系统危机。从这个角度而言，我们不能孤立地从单一维度或者单个安全因素来看待网络与信息安全，也不能将之视为单纯的技术问题或者管理问题，而是要系统地从技术、管理、工程和标准法规等各层面综合保障网络与信息安全。

（2）网络与信息安全是动态的安全。网络与信息安全问题具有变化性。首先，信息系统从规划设计，到集成实施，再到运营维护，最后到废弃，在整个生命周期中，信息系统面临着不同的安全问题，因此不能用固化的视角看待。其次，信息系统所面临的风险是动态变化的，新的漏洞和攻击手段都会对系统的安全状况产生影响。此外，云计算、物联网、大数据和移动互联网等新技术在带给人们便利的同时，也产生了各种新的威胁和安全风险。综上所述，对网络与信息安全不能抱有一劳永逸的思想，而应该根据风险的变化，在信息系统的整个生命周期中采取相应的安全措施来控制风险。

网络与信息安全的动态特性决定了网络与信息安全问题与实践密切相关。网络与信息安全已经从病毒传播、黑客入侵、技术故障等局部性、个别性和偶发性的问题，逐步转变为网络犯罪、网络恐怖主义等全球性的普遍问题，成为攻守双方在高新技术领域内展开的一场激烈较量。

（3）网络与信息安全是无边界的安全。互联网是一个全球互联互通的国际化网络空间。信息化的重要特点是开放性和互通性，信息关键基础设施都是广域覆盖的大规模复杂信息系统，与互联网通过各种方式连接，例如金融、税务、电子政务系统等。同时，各系统之间也逐步实现互联互通，这使得网络与信息安全威胁超越了现实地域的限制。此外，互联网具有传播速度快、覆盖面广、隐蔽性强和无国界等特点，违法犯罪活动不断向互联网渗透，这对网络与信息安全保障提出了更高的要求。

（4）网络与信息安全是非传统的安全。与军事安全、政治安全等传统安全相比，网络与信息安全涉及的领域和影响范围十分广泛。如果网络与信息安全得不到保障，虽然国家没有受到武力攻击，没有明确的敌对国家，领土和主权是完整的，但人们却感受到威胁的存在。传统维护安全的军事和治安手段无法应对网络与信息安全问题，必须采用新方法来保证信息与互联网安全。

1.2.2　网络与信息安全的范畴

（1）网络与信息安全是一个技术问题，如设备故障、系统本身存在的安全漏洞、系统配置不合理和黑客攻击等。互联网时代信息分布在网络中，大数据技术使信息的收集和整理变得越来越便捷，个人及单位信息容易暴露在网络中，网络泄密、窃密等现象严重，有效的安全技术措施是保护网络与信息安全最直接的手段。

（2）网络与信息安全是一个组织管理问题。网络与信息安全的最终目标是保障信息系统所承载业务的安全。业务的引入使网络与信息安全不仅仅是技术问题，而是人、技术系统和组织内部环境等综合因素产生的问题。对于组织而言，一方面，信息化促进了组织的工作效率提高、业务处理流程改进和人力成本降低，有效提升了组织的竞争力和效益；另一方面，由于业务日益依赖信息技术，技术故障、网络攻击和违规操作等给业务带来的损失也日益突出，极端情况下所造成的信息丢失和破坏甚至可能影响到组织的生存与发展。有效的网络与信息安全管理能弥补单纯技术手段的不足。

（3）网络与信息安全问题常常波及公众，社会影响面广。网络已经成为一种与报纸、电视等传统媒体共存的新兴媒体，并以其及时性、互动性等特有的优点，发挥着其他媒体所不具备的作用。网络的这个特点，使得网络成为民情汇聚之处、舆论汇聚之处、网民沟通之处。网络对社会稳定起着放大器的作用。一方面，网络是问政于民的有效手段；另一方面，网络也会将社会热点事件的影响快速扩散放大，如不能及时有效应对，容易造成群体事件，影响社会稳定。网络的普及，对政府治理提出了更高的要求，通过网络舆论手段，弘扬健康网络文化，培养良好的网络环境，将有助于形成良好的社会道德风尚。

（4）网络与信息安全问题关系到社会稳定和国计民生，危及军事、经济等领域安全。当前关键基础设施广泛使用信息技术，尤其是交通运输、水利、供水、核设施、能源（包括电力、石油化工）和钢铁等工业控制领域，信息技术成为提高生产效率的核心手段。这些关键基础设施的工业控制系统一旦遭受安全攻击，将给人们的生产生活造成严重影响。此外，网络攻击也日益成为国家之间外交纠纷的来源。各国已将其作为国家安全的组成部分，建立危机处理机制，加强互联网管控，通过法律手段打击网络犯罪，从源头上遏制网络犯罪蔓延势头。

第2章

网络与信息安全理论基础

2.1 网络与信息安全的基本概念

2.1.1 计算机安全

计算机安全是指为数据处理系统所建立和采取的技术以及管理的安全保护,保护计算机硬件、软件、数据不因偶然的或恶意的原因而遭到破坏、更改、泄露。从技术上来说,计算机安全包括实体安全、系统安全和信息安全。

(1) 实体安全又称物理安全,主要指主机、计算机网络的硬件设备、各种通信线路和信息存储设备等物理介质的安全。

(2) 系统安全是指主机操作系统本身的安全,如系统中用户账号和口令设置、文件和目录存取权限设置、系统安全管理设置、服务程序使用管理以及计算机安全运行等保障安全的措施。

(3) 信息安全仅指经由计算机存储、处理、传送的信息的安全,而不是广义上泛指的所有信息的安全。

实体安全和系统安全的最终目标是实现信息安全。所以,从狭义上讲,计算机安全的本质就是信息安全。

2.1.2 网络与信息安全

网络与信息安全,是指信息网络的硬件、软件及其系统中的数据受到保护,不受偶然的或者恶意的原因而遭到破坏、更改、泄露,系统连续可靠正常地运行,信息服务不中断。而网络与信息安全遭到破坏,则说明发生了网络与信息安全事件或网络与信息安全事故。

(1) 网络与信息安全事件是指系统、服务或网络的一种可识别的状态的发生,它可能是对网络与信息安全策略的违反或防护措施的失效,或是和安全关联的一个先前未知的状态。

(2) 网络与信息安全事故是指由单个的或一系列的有害或意外网络与信息安全事件组成,它们具有损害业务运作和威胁网络与信息安全的极大的可能性。

2.1.3 CIA 三要素

在传统书籍中,网络与信息安全的目的常常用 Confidentiality(机密性)、Integrity(完整性)和 Availability(可用性)三个词概括,简称 CIA-Triad。

（1）机密性。信息的机密性是指防止信息泄露或暴露给未授权的人或系统，确保只有具有权限和特权的用户才能访问信息。当未授权的人或系统可以查看信息时，就违背了机密性。

（2）完整性。信息未经授权不能进行更改的特性，即信息在存储或传输过程中保持不被偶然或蓄意地删除、修改、伪造、乱序、重放、插入等破坏和丢失的特性就称为信息的完整性。

（3）可用性。可用性使已授权的用户（人或计算机系统）可以在不受干扰和阻碍的情况下访问信息，并按所需要的格式接收信息。

除了上述 CIA 三要素外，网络与信息安全中还有以下特性：

（1）精准性。当信息没有出错，并具有终端用户期望的价值时，它就具有精准性。如果信息被有意或无意的改动，则其不再精准。

（2）真实性。信息的真实性是信息保持真实或最初状态的质量和状态，而不是信息的复制或者伪造。信息保持最初创建、放置、存储和传送的状态即为真实。

（3）效用性。信息的效用性是信息对某个用途或目的具有价值的一种性质或状态。换句话说，当信息服务于某个目的时，它才有价值。

（4）所有性。信息的所有性是指所有权或控制权的性质和状态。如果一个人获得了信息，则称信息为其所有。所有性独立于信息的格式或其他特性。泄密总会导致所有权的丧失，但所有权的丧失不一定总会导致信息泄露。

2.1.4　安全攻防相关名词解释

（1）访问。一个主体或对象使用、操作、修改或影响另一主体或对象的能力称为访问。授权用户有系统的合法访问权限，而黑客对系统的访问是非法的。访问控制管理着这种能力。

（2）资产。资产是被保护的机构资源，特别是信息资产，是安全工作的焦点，也是被保护的对象。

（3）攻击。攻击是一种蓄意或无意引起破坏，或损坏信息及支持它的系统的行为。攻击可以是主动或被动的，蓄意或无意的，直接或间接的。

（4）控制、保护和对策。这些术语表示成功防御攻击、减少风险、克服弱点以及其他提高机构内安全性的安全机制、策略或过程。

（5）入侵。用于损害系统的一种技术，使用现有的软件工具或自动化的软件组件实现。

（6）暴露。指被暴露的一种条件或状态，在网络与信息安全中，当攻击者知道漏洞后，就出现了暴露的情况。

（7）损失。信息资产被破坏或毁坏，被人进行不期望或未授权的修改或关闭，或者被拒绝使用的情况。

（8）保护配置文件或安全态势。指机构为保护资产而实现的控制和保护的完整集合，包括策略、教育、培训和认识、技术。

（9）风险。指不希望发生的某件事发生的可能性，如负面事件或损失。

（10）主体和对象。计算机可以是攻击的主体（用来执行攻击的代理实体），也可以是攻击的对象（目标实体）。

（11）威胁。是对资产具有潜在危险的对象、人或者其他实体的一个类别。威胁总是存在的，可能是偶然出现的或是蓄意的。

（12）威胁代理。威胁代理是威胁的特定实例或组件。

（13）漏洞。漏洞是指受限制的计算机、组件、应用程序或其他联机资源无意中留下的不受保护的入口点。漏洞是硬件、软件或使用策略上的缺陷，会使计算机遭受病毒和黑客攻击。

漏洞会影响到很大范围的软硬件设备，包括操作系统本身及其支撑软件，网络客户和服务器软件，网络路由器和安全防火墙等。换言之，在这些不同的软硬件设备中都可能存在不同的安全漏洞。在不同种类的软硬件设备，同种设备的不同版本之间，由不同设备构成的不同系统之间，以及同种系统在不同的设置条件下，都会存在各自不同的安全漏洞。

漏洞是与时间紧密相关的。一个系统从发布的那一天起，随着用户的深入使用，系统中存在的漏洞会被不断暴露出来，这些早先被发现的漏洞也会不断被系统供应商发布的补丁软件修补，或在以后发布的新版系统中得以纠正。而新版系统在纠正了旧版本中具有漏洞的同时，也会引入一些新的漏洞和错误。因而随着时间的推移，旧的漏洞会不断消失，新的漏洞会不断出现，因此漏洞问题会长期存在。

综上，脱离具体的时间和具体的系统环境来讨论漏洞问题是毫无意义的。只能针对目标系统的操作系统版本、其上运行的软件版本以及服务运行设置等实际环境来具体谈论其中可能存在的漏洞及其可行的解决办法。

同时应该看到，对漏洞的研究必须要跟踪当前最新的计算机系统及其安全问题的最新发展动态。这一点与对计算机病毒发展问题的研究相似。如果在工作中不能保持对新技术的跟踪，就没有谈论系统安全漏洞问题的发言权，即使是以前所做的工作也会逐渐失去价值。

（14）恶意代码。指故意编制或设置的，对网络或系统会产生威胁或潜在威胁的计算机代码。恶意代码是使计算机按照攻击者的意图运行以达到恶意目的的指令集合，这些指令集合主要包括二进制执行文件、脚本语言代码、宏代码及寄生在文件、启动扇区的指令流。

恶意代码类型主要有计算机病毒、蠕虫、后门、木马、僵尸程序、rootkit、移动恶意代码以及复合型恶意代码。

1）计算机病毒（Computer Virus）：《中华人民共和国计算机信息系统安全保护条例》中明确定义，计算机病毒指"编制者在计算机程序中插入的破坏计算机功能或者破坏数据，影响计算机使用并且能够自我复制的一组计算机指令或者程序代码"。

2）蠕虫：一种能够利用系统漏洞通过网络进行自我传播的恶意程序。它利用网络进行复制和传播，传染途径是网络和电子邮件。蠕虫病毒是自包含的程序（或是一套程序），它能传播它自身功能的拷贝或它的某些部分到其他的计算机系统中（通常是经过网络连接）。

蠕虫由两部分组成：一个主程序和一个引导程序。主程序一旦在机器上建立，就会去收集与当前机器联网的其他机器的信息，它能通过读取公共配置文件并运行显示当前网上联机状态信息的系统实用程序而做到这一点。随后，它尝试利用前面所描述的那些缺陷去在这些远程机器上建立其引导程序。

3）后门：绕过安全控制而获取对程序或系统访问权的方法。后门的最主要目的就是方便以后再次秘密进入或者控制系统。

后门来源主要有以下几种：①攻击者利用欺骗的手段，通过发送电子邮件或者文件，诱使主机的操作员打开或运行藏有木马程序的邮件或文件，这些木马程序就会在主机上创建一个后门；②攻击者攻陷一台主机，获得其控制权后，在主机上建立后门，比如安装木马程序，以便下一次入侵时使用；③在软件开发过程中引入的后门。在软件的开发阶段，程序员常会在软件内创建后门以方便测试或者修改程序中的缺陷，但在软件发布时，后门被有意或无意地忽视了，没有被删除，那么这个软件天生就存在后门，安装该软件的主机就不可避免的引入了后门。

后门的危害主要有：①即使管理员通过改变所有密码之类的方法来提高安全性，仍然能再次侵入，使再次侵入被发现的可能性减至最低；②大多数后门设法躲过日志，大多数情况下即使入侵者正在使用系统，也无法显示其已在线；③后门的引入无疑会形成重大安全风险。知道后门的人，日后可以对系统进行隐蔽的访问和控制，而且后门也容易被入侵者当成漏洞进行攻击。

4）木马（Trojan）：潜伏在电脑中，可受外部用户控制以窃取本机信息或者控制权的程序。木马通过特定的程序（木马程序）来控制另一台计算机。木马通常有两个可执行程序：一个是控制端，另一个是被控制端。木马不会自我繁殖，也并不"刻意"地去感染其他文件，它通过将自身伪装吸引用户下载执行，向施种木马者提供打开被种主机的门户，使施种者可以任意毁坏、窃取被种者的文件，甚至远程操控被种主机。木马病毒的产生严重危害着现代网络的安全运行。木马程序危害在于多数有恶意企图，例如占用系统资源，降低电脑效能，危害本机网络与信息安全（盗取 QQ 帐号、游戏帐号甚至银行账号），将本机作为工具来攻击其他设备等。

5）僵尸网络（Botnet）：采用一种或多种传播手段，将大量主机感染 bot 程序（僵尸程序）病毒，从而在控制者和被感染主机之间所形成的一个可一对多控制的网络。攻击者通过各种途径传播僵尸程序感染互联网上的大量主机，而被感染的主机将通过一个控制信道接收攻击者的指令，组成一个僵尸网络。之所以用僵尸网络这个名字，是为了更形象地让人们认识到这类危害的特点：众多的计算机在不知不觉中如同中国古老传说中的僵尸群一样被人驱赶和指挥着，成为被人利用的一种工具。

僵尸网络主要有以下特点：首先，它是一个可控制的网络，这个网络并不是指物理意义上具有拓扑结构的网络，它具有一定的分布性，随着 bot 程序的不断传播而不断有新位置的僵尸计算机添加到这个网络中来。其次，这个网络是采用了一定的恶意传播手段形成的，例如主动漏洞攻击、邮件病毒等各种病毒与蠕虫的传播手段，都可以用来进行 Botnet 的传播，从这个意义上讲，恶意程序 bot 也是一种病毒或蠕虫。最后也是 Botnet 的最主要的特点，就是可以一对多地执行相同的恶意行为，例如可以同时对某目标网站进行分布式拒绝服务（DDos）攻击，同时发送大量的垃圾邮件等，而正是这种一对多的控制关系，使得攻击者能够以极低的代价高效地控制大量的资源为其服务，这也是 Botnet 攻击模式近年来受到黑客青睐的根本原因。在执行恶意行为的时候，Botnet 充当了一个攻击平台的角色，这也就使得 Botnet 不同于简单的病毒和蠕虫，也与通常意义的木马有所不同。

6）Rootkit：一种特殊的恶意软件，它的功能是在安装目标上隐藏自身及指定的文件、进程和网络链接等信息，比较多见到的是 Rootkit，一般都和木马、后门等其他恶意程序结合使用。Rootkit 通过加载特殊的驱动，修改系统内核，进而达到隐藏信息的目的。

常见的 Rookit 类型主要有内核级 Rootkits、应用级 Rootkits、用户态 Rootkits，另外还有代码库 Rootkits、固化 Rootkits/BIOS Rootkits、虚拟化 Rootkits 和 Hypervisor Rootkits。

Rootkit 是一种奇特的程序，它具有隐身功能：无论静止时（作为文件存在），还是活动时（作为进程存在），都不会被察觉。换句话说，这种程序可能一直存在于我们的计算机中，但我们却浑然不知，这一功能正是许多人梦寐以求的—不论是计算机黑客，还是计算机取证人员。黑客可以在入侵后置入 Rootkit，秘密地窥探敏感信息，或等待时机，伺机而动；取证人员也可以利用 Rootkit 实时监控嫌疑人的不法行为，它不仅能搜集证据，还有利于及时采取行动！

7）移动恶意代码：在用户不知情或未授权的情况下，在移动终端系统中安装、运行以达到不正当目的的可执行文件、代码模块或代码片段。是以移动终端为感染对象，以移动终端网络和计算机网络为平台，通过无线或有线通信等方式，对移动终端进行攻击，从而造成移动终端异常的各种不良程序代码。

2.1.5　国家电网公司相关网络与信息安全概念

（1）统一身份认证。如图 2-1 所示，统一身份认证系统主要实现运维人员远程登录访问的集中管理，其主要功能包括单点登录、账号管理、身份认证、资源授权、访问控制、操作审计等。

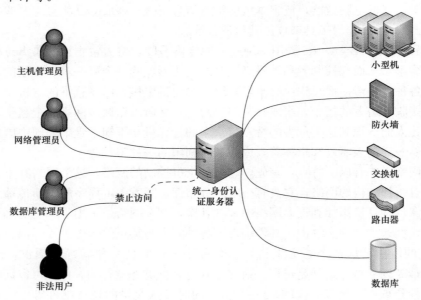

图 2-1　统一身份认证系统

（2）运维审计系统。如图 2-2 所示，运维审计系统主要实现对信息系统运维各项操作的安全审计，通过对运维操作审计数据的分类收集，实现对运维审计事件的统计查询，以及按规则、时间等维度进行全网运维审计事件分析，实现全网范围内的运维安全审计事件监控、阻断、回放、追溯等功能，对系统信息运维操作进行全面的记录与分析管理，确保信息系统安全稳定运行。

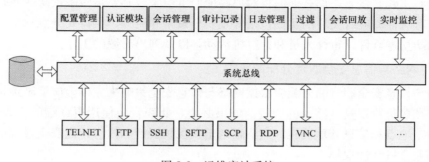

图 2-2　运维审计系统

2.2　网络与信息安全管理理论

　　网络与信息安全管理是网络与信息安全保障的重要组成部分，建设和完善网络与信息安全管理体系对每个组织机构的网络与信息安全保障工作来说都是至关重要的。网络与信息安全管理是通过维护信息的机密性、完整性和可用性来管理和保护组织所有的信息资产的一项体制。

　　网络与信息安全组织机构是网络与信息安全的管理基础，需要得到组织机构最高管理层的承诺和支持。建立完善的网络与信息安全组织结构，建立相应的岗位、职责和职权；建立完善的内部和外部沟通协作组织和机制，同组织机构内部和外部网络与信息安全保障的所有相关方进行充分沟通、学习、交流和合作等。进一步将网络与信息安全融入组织机构的整个环境和文化中，使网络与信息安全真正满足安全策略和风险管理的要求，实现保障组织机构资产和使命的最终目的。

　　组织机构应有清晰的和恰当的安全职责划分和职责到人，保证网络与信息安全措施的落实。

（一）组织机构高层管理人员的职责

　　正如前面网络与信息安全的管理支持中所提到的，网络与信息安全需得到组织机构最高管理层的承诺和支持。最高管理层应指定网络与信息安全在组织机构中所处的角色，应定义组织机构安全体系的范围、目标、优先级和战略。高层管理人员负有启动安全、支持安全和确保其得到正确维护的职责。没有高层管理人员的支持，网络与信息安全管理体系通常不会得到必要的关注、资金和资源。另外，在网络与信息安全工作中，如果员工没有感觉到高层管理人员的支持和重视，他们也不会非常重视这些安全推荐。高层管理人员应对公司的业务、前景、目标和方向有完整的理解，并且他们应使用这种洞察力来指引安全在组织机构中的角色。没有高层管理人员的领导，网络与信息安全将会缺乏方向，并且任何努力通常也会在其真正开始前失败。

　　从另一方面来看，高层管理人员是最终的数据所有者，这意味着他们对公司资产，包括数据等负有最终的职责，更进一步地说，他们对组织机构的网络与信息安全负有最终的职责。如果管理人员不实施正确的安全措施，他们就没有实践应有关注（Due Care）。应有关注指人员或公司应采用合理的措施以保护其自身并不伤害他人。如果管理人员没有实践此概念，那么他们将对那些他们本应采取必要步骤来预防或减轻的损害的发生负有责任。应有关注的实例包括开发安全策略和流程、执行安全意识培训、部署防火墙和防病毒软件、审计人员和计算机活动，以及列出后续的工作。

（二）网络与信息安全职责分配的要求

网络与信息安全职责的分配应根据网络与信息安全策略来完成。应清晰地标识保护个人资产和执行待定安全活动的职责。如果必要，此职责应使用更详细的指南来补充，以用于特定地点和信息处理设施。应清晰地定义保护资产和执行特定安全过程的本地职责，例如业务持续性规划。

分配具有安全职责的个人可以将安全委任给其他人。但他们仍旧保留职责并且应该确定所有委托的任务得以正确执行。

应清晰地描述个人所负责的内容，特别应包括下列内容：

（1）应标识并清晰地定义每个特定的与系统相关的资产和安全活动。

（2）为每个资产或安全活动指定责任人，并且给出书面依据。

（3）应清晰地定义和文档化授权级别。

（三）网络与信息安全职责分离的要求

组织机构应分离某些任务的管理、执行和职责范围，加强监督力度，以降低非法修改或误用职权带来的风险。

考虑职责分离应注意以下内容：

（1）不允许独自一人在没有经过授权或未经过检查的情况下访问、修改或使用资产。

（2）应把事件的授权与执行分开，如对关键数据修改的审批与执行必须分开。

（3）组织机构一定要保持安全审计独立。

（4）在无法实现职责分离的情况下，组织机构应当考虑其他控制措施，例如监控、审计跟踪和监督管理。

（四）独立审计要求

在计划的时间间隔或者在对安全设施有重要变更时，管理层应发起独立审计。这种独立审计对确保组织机构管理网络与信息安全策略的持续合适性、充分性和有效性是必要的。这种审计应包括对改进机会的评估，以及对安全方案变更需求的评估，包括策略和控制目标。

这种审计应由独立于被审计部门的人员来执行，如内部审计部门、独立的管理人员或专门从事此类审计的第三方机构。执行这些审计的人员应拥有相应的技能和经验。

应记录独立审计的结果并将其汇报至发起审计的管理层。

（五）岗位和职责的描述

每个人在生活中都有其角色和相对应的职责，组织机构内的网络与信息安全管理体系也是一样。在此，我们讨论通用的数据所有者、数据管理者、用户等角色的岗位职责。

（1）数据所有者。在组织机构中，正如前面高层管理人员职责中所讨论的，最终的数据所有者是高层管理人员的成员，他负责保护公司资产，包括数据。数据所有者负责指定数据的分类级别，指定如何保护数据以及可以访问这些数据的权限，并将日常任务分配给其他人执行以实施这些要求。

（2）数据管理者。数据管理者是由数据所有者指定负责组织机构资产和数据维护及保护职责的人。数据管理者或部门，负责安装和配置硬件和软件，执行备份，确认资源的机密性、可用性和完整性，并执行日常流程以使系统功能正常及其数据得到保护。这个角色通常被分配至信息管理部门。

（3）用户。用户是日常使用组织机构资产和数据以执行其在组织机构内职责的人。用户对资产必须有必要的访问级别，并且遵守那些确保资源机密性、完整性和可用性的运行安全流程和标准，以执行其职责。用户在资源配置和数据操作时，通常只有有限的访问权限。

2.3 网络基础知识

2.3.1 OSI 模型

OSI（Open System Interconnection model）模型是一个由国际标准化组织提出的概念模型，它试图提供一个使各种不同的计算机和网络在世界范围内实现互联的标准框架。

如图 2-3 所示，OSI 模型将计算机网络体系结构划分为七层，每层都可以提供抽象良好的接口。了解 OSI 模型有助于理解实际上互联网络使用的工业标准——TCP/IP 协议。

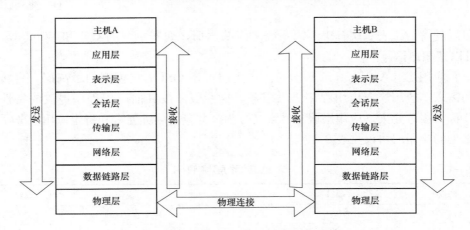

图 2-3　OSI 模型各层间关系和通信时的数据流向

（1）物理层（Physical Layer）。物理层位于 OSI 七层模型的最底层，为数据链路实体提供建立、传输、释放所必需的物理连接，负责最后将信息编码成电流脉冲或其他信号用于网上传输。物理层的数据单位是比特（bit），即一个二进制位。

（2）数据链路层（Data Link Layer）。数据链路层将原始的传输线路转变成一条逻辑的传输线路，实现实体间二进制信息块的正确传输，为网络层提供可靠的数据信息。

不同的数据链路层定义了不同的网络和协议特征，其中包括物理编址、网络拓扑结构、错误校验、数据帧序列以及流量控制。

数据链路可以理解为数据的通道，是物理链路加上必要的通信协议而组成的逻辑链路。

数据链路层的数据单位是帧，具有流量控制功能。

（3）网络层（Network Layer）。网络层控制子网的通信，其主要功能是提供路由选择，即选择到达目的主机的最优路径并沿着该路径传输数据包。网络层还应具备的功能有：①路由选择和中继；②激活和终止网络连接；③链路复用；④差错检测和恢复。

（4）传输层（Transport Layer）。传输层向高层提供可靠的端到端的数据传输，能实现数据分段、传输和组装，还提供差错控制和流量/拥塞控制等功能。

可以理解为：每一个应用程序都会在网卡注册一个端口号，该层就是端口与端口的通信。

（5）会话层（Session Layer）。会话层允许不同机器上的用户之间建立会话。会话就是指各种服务，包括对话控制（记录该由谁来传递数据）、令牌管理（防止多方同时执行同一关键操作）、同步功能（在传输过程中设置检查点，以便在系统崩溃后还能在检查点上继续运行）。

建立和释放会话连接还应做以下工作：①将会话地址映射为传输层地址；②进行数据传输；③释放连接。

（6）表示层（Presentation Layer）。表示层提供多种功能用于应用层数据编码和转化，以确保一个系统应用层发送的信息可以被另一个系统应用层识别。

表示层的主要功能有数据语法转换、话法表示、数据加密和解密、数据压缩和解压。

可以理解为：表示层解决不同系统之间的通信，如安卓版的 QQ 和 Windows 上的 QQ 可以互相通信。

（7）应用层（Application Layer）。应用层位于 OSI 七层模型的最高层，直接针对用户的需求。应用层向应用程序提供服务，这些服务按其向应用程序提供的特性分成组，并称为服务元素。应用层服务元素又分为公共应用服务元素和特定应用服务元素。

常见的应用层协议见表 2-1。

表 2-1   **常 见 应 用 层 协 议**

协议	端口	说明
HTTP	80	超文本传输协议
HTTPS	443	HTTP+SSL，HTTP 的安全版
FTP	21	文件传输协议
POP3	110	邮局协议
SMTP	25	简单邮件传输协议
TELNET	23	远程终端协议
SSH	22	加密交互协议，TELNET 的安全版
DNS	53	域名查询协议

2.3.2　TCP/IP 参考模型及协议族

OSI 模型所分的七层，在实际应用中，往往有一些层被整合，或者功能分散到其他层去。而之后的 TCP/IP 参考模型经过一系列的修改和完善得到了广泛的应用。TCP/IP 没有照搬 OSI 模型，它们之间有较多相似处，各层也有一定的对应关系。

TCP/IP 参考模型包含应用层、传输层、网际层和网络接口层。

TCP/IP 的设计，吸取了 OSI 七层模型的精华思想，即封装。每层对上一层提供服务的时候，上一层的数据结构是黑盒，直接作为本层的数据，而不需要关心上一层协议的任何细节。

以以太网上传输 UDP 数据包为例，TCP/IP 参考模型的分层如图 2-4 所示。

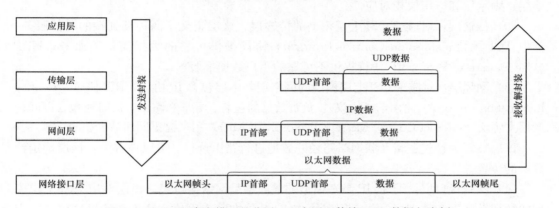

图 2-4　TCP/IP 参考模型的分层（以太网上传输 UDP 数据包为例）

（一）数据包

（1）宽泛意义的数据包：每一个数据包都包含标头和数据两个部分。标头包含本数据包的一些说明；数据则是本数据包的内容。

（2）应用程序数据包：标头部分规定应用程序的数据格式；数据部分传输具体的数据内容。

（3）TCP/UDP 数据包：标头部分包含双方的发出端口和接收端口。

（4）UDP 数据包：标头长度 8 个字节，数据包总长度最大为 65535 字节，正好放进一个 IP 数据包。

（5）TCP 数据包：理论上没有长度限制，但是为了保证网络传输效率，通常不会超过 IP 数据长度，确保单个包不会被分割。

（6）IP 数据包：标头部分包含通信双方的 IP 地址、协议版本、长度等信息。标头长度 20~60 字节，数据包总长度最大为 65535 字节。

（7）以太网数据包：最基础的数据包。标头部分包含通信双方的 MAC 地址、数据类型等。标头长度 18 字节，数据部分长度 46~1500 字节。

（二）TCP/IP 四层模型

TCP/IP 四层模型与 OSI 七层模型的对应关系见表 2-2。

表 2-2　　　　　　　　TCP/IP 四层模型与 OSI 七层模型的对应关系

OSI	TCP/IP
应用层	应用层
表示层	
会话层	
传输层	传输层
网络层	网际层
数据链路层	网络接口层
物理层	

（1）应用层：TCP/IP 参考模型的应用层包含 OSI 所有高层协议。该层与 OSI 的会话层、表示层和应用层相对应。

（2）传输层：对应于 OSI 七层模型的传输层，该层定义了两种端到端的通信服务。其中 TCP（Transmission Control Protocol）协议提供可靠的数据流运输服务，UDP（Use Datagram Protocol）协议提供不可靠的用户数据报服务。

（3）网际层：对应于 OSI 七层模型的网络层，本层包含 IP 协议、RIP 协议（Routing Information Protocol，路由信息协议），负责数据的包装、寻址和路由。同时还包含网间控制报文协议（Internet Control Message Protocol，ICMP），用来提供网络诊断信息。

该层负责为经过逻辑互联网络路径的数据进行路由选择，可以理解为：该层确定计算机的位置。

（4）网络接口层：TCP/IP 参考模型的最底层是网络接口层，该层对应 OSI 七层模型的数据链路层和物理层。包括用于协作 IP 数据在已有网络介质上传输的协议，它定义像地址解析协议（Address Resolution Protocol，ARP）这样的协议，提供 TCP/IP 协议的数据结构和实际物理硬件之间的接口。可以理解为确定了网络数据包的形式。

（三）TCP/IP 协议族常用协议

（1）应用层：TFTP，HTTP，SNMP，FTP，SMTP，DNS，TELNET 等。

（2）传输层：TCP，UDP。

（3）网际层：IP，ICMP，OSPF，EIGRP，IGMP。

（4）网络接口层：ARP，PARP，PPP，MTU。

（四）重要的 TCP/IP 协议族协议简介

（1）IP（Internet Protocol，网际协议）是网际层的主要协议，任务是在源地址和和目的地址之间传输数据。IP 协议只是尽最大努力来传输数据包，并不保证所有的包都可以传输到目的地，也不保证数据包的顺序和唯一。

IP 定义了 TCP/IP 的地址、寻址方法，以及路由规则。现在广泛使用的 IP 协议有 IPv4 和 IPv6 两种。

1）IPv4 使用 32 位二进制整数做地址，一般使用点分十进制方式表示，比如 192.168.0.1。

IP 地址由两部分组成，即网络号和主机号。故一个完整的 IPv4 地址往往表示为 192.168.0.1/24 或 192.168.0.1/255.255.255.0。

2）IPv6 是为了解决 IPv4 地址耗尽和其他一些问题而研发的最新版本的 IP。使用 128 位整数表示地址，通常使用冒号分隔的十六进制来表示，并且可以省略其中一串连续的 0，如：fe80∷200∷1ff∶fe00∶1。IPv6 目前使用并不多。

（2）ICMP（Internet Control Message Protocol，网络控制消息协议）是 TCP/IP 的核心协议之一，用于在 IP 网络中发送控制消息，提供通信过程中的各种问题反馈。ICMP 直接使用 IP 数据包传输，但 ICMP 并不被视为 IP 协议的子协议。常见的联网状态诊断工具依赖于 ICMP 协议。

（3）TCP（Transmission Control Protocol，传输控制协议）是一种面向连接的可靠的基于字节流传输的通信协议。TCP 具有端口号的概念，用来标识同一个地址上的不同应用。描述 TCP 的标准文档是 RFC793。

（4）UDP（User Datagram Protocol，用户数据报协议）是一个面向数据报的传输层协议。UDP 的传输是不可靠的，简单地说就是发了不管，发送者不会知道目标地址的数据通路是否发生拥塞，也不知道数据是否到达，是否完整以及是否还是原来的次序。它同 TCP 一样有用来标识本地应用的端口号。所以使用 UDP 的应用，都能够容忍一定数量的错误和丢包，但是对传输性能敏感的应用，如流媒体、DNS 等，则不使用 UDP。

（5）DHCP（Dynamic Host Configuration Protocol，动态主机配置协议）是用于局域网自动分配 IP 地址和主机配置的协议。可以使局域网的部署更加简单。

（6）DNS（Domain Name System，域名系统）是互联网的一项服务，可以简单地将用"."分隔的容易理解并有意义的域名转换成不易记忆的 IP 地址。一般使用 UDP 协议传输，也可以使用 TCP，默认服务端口号 53。

（7）POP（Post Office Protocol，邮局协议）是支持通过客户端访问电子邮件的服务，现在版本是 POP3，也有加密的版本 POP3S。协议使用 TCP，端口 110。

（8）SMTP（Simple Mail Transfer Protocol，简单邮件传输协议）是现在在互联网上发送电子邮件的事实标准。SMTP 使用 TCP 协议传输，端口号 25。

（9）HTTP（Hyper Text Transfer Protocol，超文本传输协议）是互联网上应用最为广泛的一种网络协议。所有的 WWW 文件都必须遵守这个标准。设计 HTTP 最初的目的是为了提供一种发布和接收 HTML 页面的方法。HTTP 通过 TCP 传输，默认使用端口 80。

（10）HTTPS（Hyper Text Transfer Protocol over Secure Socket Layer，超文本传输协议的安全版），是以安全为目标的 HTTP 通道，简单讲就是 HTTP 的安全版。即 HTTP 加入 SSL 层，用于安全的 HTTP 数据传输。协议通过 TCP 传输，默认使用端口 443。

（11）FTP（File Transfer Protocol，文件传输协议）是用来进行文件传输的标准协议。基于不同的操作系统有不同的 FTP 应用程序，而所有这些应用程序都遵守同一种协议以传输文件。FTP 通过 TCP 使用端口 20 来传输数据，用端口 21 来传输控制信息。

（12）SFTP（Secure File Transfer Protocol，安全文件传送协议）可以为传输文件提供一种安全的网络加密方法。SFTP 与 FTP 有着几乎一样的语法和功能。SFTP 为 SSH 的一部分，在 SSH 软件包中，已经包含了一个叫作 SFTP（Secure File Transfer Protocol）的安全文件信息传输子系统。SFTP 本身没有单独的守护进程，它必须使用 SSHD 守护进程（端口号默认是 22）来完成相应的连接和答复操作，所以从某种意义上来说，SFTP 并不像一个服务器程序，而更像是一个客户端程序。SFTP 协议的认证信息和传输数据都是加密过的，所以使用 SFTP 是非常安全的。但是，由于这种传输方式使用了加密/解密技术，所以传输效率比普通的 FTP 要低得多，如果系统对网络与信息安全性要求更高，可以使用 SFTP 代替 FTP。

（13）Telnet 协议是 TCP/IP 协议族中的一员，是 Internet 远程登录服务的标准协议和主要方式。它为用户提供了在本地计算机上完成远程主机工作的能力。在终端使用者的电脑上使用 Telnet 程序，用它连接到服务器。终端使用者可以在 Telnet 程序中输入命令，这些命令会在服务器上运行，就像直接在服务器的控制台上输入一样，在本地就能控制服务器。要开始一个 Telnet 会话，必须输入用户名和密码来登录服务器。Telnet 是互联网早期最常用的远程控制服务器的方法。

（14）SSH（Secure Shell，安全交互协议）是建立在应用层基础上的安全协议，因为传统的网络服务程序如 Telnet 本质上都极不安全，用明文传输数据和用户信息包括密码，SSH 被开发出来避免这些问题。SSH 其实是一个协议框架，有大量的扩展冗余能力，并且提供了加密压缩的通道可以为其他协议使用。SSH 是目前较可靠的专为远程登录会话和其他网络服务提供安全性的协议。利用 SSH 协议可以有效防止远程管理过程中的信息泄露问题。SSH 最初是 UNIX 系统上的一个程序，后来又迅速扩展到其他操作平台。SSH 在正确使用时可弥补网络中的漏洞。SSH 客户端适用于多种平台。几乎所有 UNIX 平台，包括 HP-UX、Linux、AIX、Solaris、Digital UNIX、Irix，以及其他平台，都可运行 SSH。

2.4　网络与信息安全基础知识

2.4.1　密码学

密码学是研究如何隐密地传递信息的学科。著名的密码学者 Ron Rivest 解释道："密码学是关于如何在敌人存在的环境中通信"，自工程学的角度，这相当于密码学与纯数学的异同。密码学是信息安全等相关议题，如认证、访问控制的核心。密码学的首要目的是隐藏信息的涵义，并不是隐藏信息的存在。密码学也促进了计算机科学，特别是电脑与网络安全所使用的技术，如访问控制与信息的机密性。密码学已被应用在日常生活，如自动柜员机的芯片卡、电脑使用者存取密码、电子商务，等等。

密码是通信双方按约定的法则进行信息特殊变换的一种重要保密手段。依照这些法则，变明文为密文，称为加密变换；变密文为明文，称为解密变换。密码在早期仅对文字或数码进行加、解密变换，随着通信技术的发展，对语音、图像、数据等都可实施加、解密变换。

密码学是在编码与破译的斗争实践中逐步发展起来的，并随着先进科学技术的应用，已成为一门综合性的尖端技术科学。它与语言学、数学、电子学、声学、信息论、计算机科学等有着广泛而密切的联系。它的现实研究成果，特别是各国政府现用的密码编制及破译手段都具有高度的机密性。

进行明密变换的法则，称为密码的体制。指示这种变换的参数，称为密钥。它们是密码编制的重要组成部分。密码体制的基本类型可以分为四种：①错乱，是指按照规定的图形和线路，改变明文字母或数码等的位置成为密文；②代替，是指用一个或多个代替表将明文字母或数码等代替为密文；③密本，是指用预先编定的字母或数字密码组，代替一定的词组单词等变明文为密文；④加乱，是指用有限元素组成的一串序列作为乱数，按规定的算法，同明文序列相结合变成密文。以上四种密码体制，既可单独使用，也可混合使用，以编制出各种复杂度很高的实用密码。

现代密码学常用算法如下：

（1）Base64 算法。这个其实并不完全是加密算法系列的，它只是采用了一套规则，将明文中的字符进行了一个转码，在邮件的传输中用的比较多。这个算法的目的就是避免明文的直接暴露。只要掌握了 Base64 算法的转换规则，是可以非常轻易的破解里面的明文的。

（2）MD 系列算法。俗称 Message Digest，消息摘要算法系列，目的就是为了验证数据的完整性时使用的。这是一种单向加密算法。该系列算法从最早的 MD2 到现在用的最常见的 MD5，经历了多个算法版本的演变。MD5 除了可以应用在一致性的验证上，还可以用在数字证书和安全访问认证中。为了克服 MD 系列算法位数不够的问题，有了后来的 SHA，即安全哈希算法，同样是一种消息摘要的算法，也是单向加密算法。

（3）DES 对称密钥加密算法。DES 全称 DATA ENCRYPTION STANDARD，即数据加密标准。DES 比上面的 MD 系列算法在安全和使用的级别上又上升了一个层次。对称密钥加密算法，在加解密的过程中，共用了相同的 key。也就是说，在加密的过程中用这个 key 当作参数进行加密，然后在解密的过程中还是用这个 key 做参数进行解密，所以这个 key 的安全性就显得非常重要。只能让发收双方保有这个 key。DES 算法整体上的安全性是非常高的，后来为了克服 DES 密钥空间小的问题，又出现了三重 DES 算法。

（4）RSA 非对称加密算法。这个算法在当前应用也非常广。RSA 算法是由 3 个人研发出来的，所以就以这 3 个人名字首字母组成算法名称。RSA 是目前为止最有效的公钥加密算法，可以抵挡住绝大部分的密码攻击。在 RSA 的算法原理中提供了一个公钥和私钥的机制，公钥是暴露的，私钥由各自双方保留。对应的加解密过程为，一方用公钥进行加密，另一方就用自己的私钥进行解密，反之也是如此。RSA 算法的安全性依赖于大数的分解。

2.4.2　身份鉴别

（一）身份鉴别涉及的概念

为了保护网络资源及落实安全政策，需要提供可追究责任的机制，这里涉及三个概念，即鉴别、授权及审计。

（1）鉴别（Authentication）：在做任何动作之前必须要有方法来识别动作执行者的真实身份。鉴别又称为认证。身份认证主要是通过标识来鉴别用户的身份，防止攻击者假冒合法用户获取访问权限。

（2）授权（Authorisation）：当用户身份被确认合法后，赋予该用户进行文件和数据操作的权限。这种权限包括读、写、执行及从属权等。

（3）审计（Auditing）：每一个人都应该为自己所做的操作负责，所以在做完事情之后都要留下记录，以便核查责任。

身份鉴别往往是许多应用系统中安全保护的第一道防线，它的失败可能导致整个系统的失败。

（二）身份鉴别涉及的相关实体

（1）申请者（Claimant）：出示身份信息的实体，又称作示证者（Prover），提出某种认证请求。

（2）验证者（Verifier）：检验申请者提供的认证信息的正确性和合法性，决定是否满足其认证要求。

（3）攻击者：窃听和伪装申请者，骗取验证者的信赖。

（4）鉴别系统在必要时会有第三方，即可信赖者参与仲裁。

（三）身份鉴别方式

根据鉴别信息的不同，身份鉴别有多种方式：

（1）基于口令的鉴别。口令鉴别的特点是最简单，最容易实现。明文的口令在网上传输极容易被窃听截取，一般的解决方法是使用一次性口令（OTP，One-Time Password）机制。这是目前在互联网和计算机领域中最常用的鉴别方法，当你登录计算机网络需要输入口令，这时你应该知道口令。计算机系统把它的鉴别建立在用户名和口令的基础上，如果你把用户名和口令告诉了他人，则计算机也将给予那个人访问权限。因为鉴别是建立在已知口令之上的，这并不是计算机的失误，而是用户本身造成的。这仅仅属于一种模式的鉴别，它回答的问题是"what you know?"。

（2）基于智能卡的鉴别。智能卡具有硬件加密功能，有较高的安全性。每个用户持有一张智能卡，智能卡存储用户个性化的秘密信息，同时在验证服务器中也存放该秘密信息。基于智能卡的鉴别方式是一种多因素的鉴别方式（PIN＋智能卡），除非 PIN 码和智能卡同时被窃取，否则用户不会被冒充。在计算机领域中回答"what you have?"的一个典型例子是智能卡和数字鉴别的使用。所有的智能卡都含有一块芯片，芯片中包含了一些持卡人的个人信息，如驾照信息及医疗信息等。一块智能卡与标准信用卡大小相等甚至更大，尺寸大小主要取决于内嵌芯片的功能。有时内嵌芯片包含只读信息，芯片比起信用卡背面的磁条卡含有更多的信息，这种类型的智能卡通常只能开发一次，并且完全依赖于智能卡可读器来进行操作。ISO 7816 文献包含了用于智能卡的相关标准。

（3）基于密码的身份鉴别。基于密码的鉴别技术的基本原理是密钥的持有者通过密钥向验证方证明自己身份的真实性。这种鉴别技术既可以通过对称密钥制实现，也可以通过非对称密钥制实现。这种技术又可细分为 DCE/Kerberos 的身份鉴别和 PKI/CA 身份鉴别。

Kerberos 是一种非常安全的双向身份认证技术。Kerberos 既不依赖用户登录的终端，也不依赖用户所请求的服务的安全机制，它本身提供了认证服务器来完成用户的认证工作。PKI/CA 是混合了对称与不对称密码算法的系统，主要包含标识用户身份、创建和分发证书、维护和取消证书、分发和维护加密密钥等内容。

（4）基于生物特征的身份鉴别。这种鉴别方式又可分为指纹、视网膜/虹膜、声纹、脸部特征等四种具体的识别方式。它的特点是以人体具有的唯一的、可靠的、终生稳定的生物特征作为依据。但是由于设备昂贵、对识别的正确率没有确切结论等，目前还无法广泛应用。

第一种是基于人的指纹或掌纹的身份鉴别技术。人体的某些生物特征具有客观性和唯一性，人各有异，终生不变，绝不遗失，具有无法仿制的特点。指纹是每个人与生俱来的生物特征，不会遗失也不容易损坏，而且每个人的指纹都与他人不同，绝对不可能造假。

第二种基于人的视网膜/虹膜的身份鉴别技术。该类鉴别技术也是利用人体特有的生物特征进行身份鉴别的技术。它采用人的视网膜/虹膜作为鉴别的主体，通过每个人的视网膜/虹膜特有的特征来进行身份鉴别。

第三种是基于声音的语音识别和语音验证。这种技术是通过一次简短的语音注册过程对用户进行登记，在此过程中捕获和存储他们的声波纹。声波纹是一个数据矩阵，描绘了说话者的语音特征。

第四种是脸部特征识别，又称为面像识别技术。在这种技术中，身份鉴别机器的摄像头会自动采集来人的照片，并与电脑里的资料进行自动对比确认。这种方法比人工认识更准确，而且速度也快，与指纹识别、虹膜识别等相比，面像识别技术靠摄像采集资料，隐蔽性最强，是当今国际反恐安防最重视的科技手段和攻关目标之一。该技术用途广泛，可用于公安布控监控、民航安检、口岸出入控制、海关身份鉴别智能门禁、司机驾照验证及各类银行卡、信用卡、储蓄卡的持卡人的身份鉴别、社会保险的身份鉴别等。

2.4.3　网络与信息安全审计

（一）网络与信息安全审计的作用和目的

网络与信息安全审计主要是指按照一定的安全策略，利用记录、系统活动和用户活动等信息，检查、审查和检验操作事件的环境及活动，从而发现系统漏洞、入侵行为或改善系统性能的过程。其主要作用和目的包括如下 5 个方面：

（1）对可能存在的潜在攻击者起到威慑和警示作用，核心是风险评估。

（2）测试系统的控制情况，及时进行调整，保证与安全策略和操作规程协调一致。

（3）对已出现的破坏事件，做出评估并提供有效的灾难恢复和追究责任的依据。

（4）对系统控制、安全策略与规程中的变更进行评价和反馈，以便修订决策和部署。

（5）协助系统管理员及时发现网络系统入侵或潜在的系统漏洞及隐患。

（二）网络与信息安全审计的类型

网络与信息安全审计从审计级别上来讲可分为三种类型，即系统型审计、应用级审计和用户级审计。

（1）系统级审计。主要针对系统的登入情况、用户识别号、登入尝试的日期和具体时间、退出的日期和时间、所使用的设备、登入后运行程序等事件信息进行审查。典型的系统级审计日志还包括部分与安全无关的信息，如系统操作、费用记账和网络性能。这类审计无法跟踪和记录应用事件，也无法提供足够的细节信息。

（2）应用级审计。主要针对的是应用程序的活动信息，如打开和关闭数据文件，读取、编辑、删除记录或字段的等特定操作，以及打印报告等。

（3）用户级审计。主要是审计用户的操作活动信息，如用户直接启动的所有命令，用户所有的鉴别和认证操作，用户所访问的文件和资源等信息。

（三）网络与信息安全审计的基本要素

网络与信息安全审计涉及四个基本要素：控制目标、安全漏洞、控制措施和控制测试。其中，控制目标是指企业根据具体的计算机应用，结合单位实际制定出的安全控制要求。安全漏洞是指系统的安全薄弱环节，容易被干扰或破坏的地方。控制措施是指企业为实现其安全控制目标所制定的安全控制技术、配置方法及各种规范制度。控制测试是将企业的各种安全控制措施与预定的安全标准进行一致性比较，确定各项控制措施是否存在、是否得到执行、对漏洞的防范是否有效，评价企业安全措施的可依赖程度。显然，安全审计作为一个专门的审计项目，要求审计人员必须具有较强的专业技术知识与技能。

安全审计是审计的一个组成部分。由于计算机网络环境的安全不仅涉及国家安危，更涉及企业的经济利益。因此，必须迅速建立起国家、社会、企业三位一体的安全审计体系。其中，国家安全审计机关应依据国家法律，特别是针对计算机网络本身的各种安全技术要求，对广域网上企业的网络与信息安全实施年审制。另外，应该发展社会中介机构，对计算机网络环境的安全提供审计服务，它与会计师事务所、律师事务所一样，是社会对企业的计算机网络系统的安全作出评价的机构。当企业管理当局权衡网络系统所带来的潜在损失时，他们需要通过中介机构对安全性作出检查和评价。此外财政、财务审计也离不开网络与信息安全专家，他们对网络的安全控制作出评价，帮助注册会计师对相应的信息处理系统所披露信息的真实性、可靠性作出正确判断。

互联网安全顾问团主席 Ira Winkler 认为，安全审计、易损性评估以及渗透性测试是安全诊断的三种主要方式。这三种方式分别采用不同的方法，适于特定的目标。安全审计用于测量信息系统对于一系列标准的性能。而易损性评估涉及整个信息系统的综合考察以及搜索潜在的安全漏洞。渗透性测试是一种隐蔽的操作，安全专家进行大量的攻击来探查系统是否能够经受来自恶意黑客的同类攻击。在渗透性测试中，伪造的攻击可能包括社会工程等真正黑客可能尝试的任何攻击。这些方法各有其固有的能力，联合使用两个或者多个可能是最有效的。

2.5 信息安全等级保护

信息安全等级保护是国家信息安全保障工作的基本制度、基本策略、基本方法。通过开展信息安全等级保护工作，可以有效解决我国信息安全面临的威胁和存在的主要问题，充分体现"适度安全、保护重点"的目的，将有限的财力、物力、人力投入到重要信息系统安全保护中，按标准建设安全保护措施，建立安全保护制度，落实安全责任，有效保护基础信息网络和关系国家安全、经济命脉、社会稳定的重要信息系统的安全，有效提高我国信息安全保障工作的整体水平。信息安全等级保护是当今发达国家保护关键信息基础设施，保障信息安全的通行做法，也是我国多年来信息安全工作经验的总结。实施信息安全等级保护，有利于在信息化建设过程中同步建设信息安全设施，保障信息安全与信息化建设相协调；有利于为信息系统安全建设和管理提供系统性、针对性、可行性的指导和服务；有利于优化信息安全资源的配置，重点保障基础信息网络和关系国家安全、经济命脉、社会稳定等方面的重要信息系统的安全；有利于明确国家、法人和其他组织、公民的信息安全责任，加强信息安全管理；有利于推动信息安全产业的发展。

信息安全等级保护的主要流程包括以下 6 个环节：

（1）自主定级与审批。信息系统运营使用单位按照等级保护管理办法和定级指南，自主确定信息系统的安全保护等级。有上级主管部门的，应当经上级主管部门审批。跨省或全国统一联网运行的信息系统，可以由其主管部门统一确定安全保护等级。

（2）评审。在信息系统确定安全保护等级过程中，可以组织专家进行评审。对拟确定为第四级以上信息系统的，运营使用单位或主管部门应当邀请国家信息安全保护等级专家评审委员会进行评审。

（3）备案。第二级以上信息系统定级单位到所在地区的市级以上公安机关办理备案手续。

（4）系统安全建设。信息系统安全保护等级确定后，运营使用单位按照管理规范和技术标准，选择管理办法要求的信息安全产品，建设符合等级要求的信息安全设施，建立安全组织，制定并落实安全管理制度。

（5）等级测评。信息系统建设完成后，运营使用单位选择符合管理办法要求的检测机构，对信息系统安全等级状况开展等级测评。

（6）监督检查。公安机关依据信息安全等级保护管理规范，监督检查运营使用单位开展等级保护工作，定期对第三级以上的信息系统进行安全检查。运营使用单位应当接受公安机关的安全监督、检查、指导，如实向公安机关提供有关材料。

各基础信息网络和重要信息系统，按照"准确定级、严格审批、及时备案、认真整改、科学测评"的要求完成等级保护的定级、备案、整改、测评等工作。公安机关和保密、密码工作部门要及时开展监督检查，严格审查信息系统所定级别，严格检查信息系统开展备案、整改、测评等工作。对故意将信息系统安全级别定低，逃避公安、保密、密码部门监管，造成信息系统出现重大安全事故的，要追究单位和人员的责任。

2.6　网络与信息安全风险管控

网络与信息安全风险评估是参照风险评估标准和管理规范，对信息系统的资产价值、潜在威胁、薄弱环节、已采取的防护措施等进行分析，判断安全事件发生的概率以及可能造成的损失，提出风险管理措施的过程。当风险评估应用于 IT 领域时，就是对网络与信息安全的风险评估。

网络与信息安全风险评估从早期简单的漏洞扫描、人工审计、渗透性测试这类纯技术操作，逐渐过渡到目前普遍采用国际标准的 BS 7799、ISO 17799、GB/T 28448—2012《信息系统安全等级评测准则》等方法，充分体现以资产为出发点、以威胁为触发因素、以技术/管理/运行等方面存在的脆弱性为诱因的网络与信息安全风险评估综合方法及操作模型。

风险评估的目的是全面、准确地了解组织机构的网络与信息安全现状，发现系统的安全问题及其可能的危害，为系统最终安全需求的提出提供依据。

风险评估也称为风险分析，就是确认安全风险及其大小的过程，即利用适当的风险评估工具，包括定性和定量的方法，去确定资产风险等级和优先控制顺序。其涉及相关实体如下：

(1) 资产：任何对组织有价值的事物。

(2) 威胁：指可能对资产或组织造成损害的事故的潜在原因。例如，组织的网络系统可能受到来自计算机病毒和黑客攻击的威胁。

(3) 脆弱点：指资产或资产组中能被威胁利用的弱点。如员工缺乏信息安全意识，使用简短易被猜测的口令、操作系统本身有安全漏洞等。

(4) 风险：特定的威胁利用资产的一种或一组薄弱点，导致资产的丢失或损害的潜在可能性，即特定威胁事件发生的可能性与后果的结合。

(5) 风险评估：对信息和信息处理设施的威胁、影响和脆弱点及三者发生的可能性评估。

风险评估流程如图 2-5 所示。

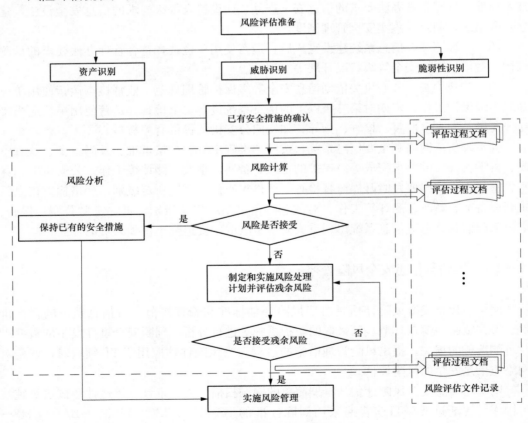

图 2-5　风险评估流程图

风险评估步骤见表 2-3。

表 2-3	风 险 评 估 步 骤	
风险评估项目	描述	备注
1. 网络与信息安全评估知识培训		
网络网络与信息安全典型案例培训	目的是为了让客户对网络与信息安全有清晰的认识,从而在评估前就引起重视,方便后面行动的开展	
网络与信息安全评估流程培训	目的是为了客户能理解我们的工作,从而获得客户的支持	
2. 资产评估		
收集信息	完成资产信息登记表	可以远程操作
3. 威胁评估		
对物理安全进行评估	参照物理安全规范表	访谈、查看相关文档,实地考察
对人员安全管理进行评估	参照人员安全管理规范表	访谈人事部门相关人员
4. 弱点评估(完成网络与信息安全、应用安全、主机安全规范表)		
整体网络与信息安全信息	Xscan-gui 进行全网安全扫描,获得全网的安全统计	
	使用网络版杀毒软件对全网络的操作系统漏洞情况进行扫描统计	
	使用工具共享资源扫描整个网络,同时演示给客户其暴露在内网中的敏感信息	
应用服务	Nessus 对服务器系统进行安全扫描	
	使用自动化评估脚本对服务器安全信息进行收集	
	根据 checklist 对服务器进行本地安全检查	
	使用密码强度测试工具请求客户网管进行密码强度测试	
网络设备	Nessus 对网络设备进行安全扫描	
	使用密码强度测试工具请求客户网管进行密码强度测试	
	根据 checklist 对网络设备进行本地安全检查	
5. 安全管理评估		
网络拓扑结构分析	分析冗余、负载均衡功能	
数据安全调查	数据安全规范表	
管理机构评估	安全管理机构规范表	需要访谈对方领导,需要先获得领导的支持与配合
安全管理制度	安全管理制度规范表	通过问卷调查的方式获得部分内容、管理制度文档审查
系统建设管理	系统建设管理规范表	查看相关文档、访谈网管
系统运维管理	系统运维管理规范表	访谈部门领导、网管,实地考察
6. 渗透测试		
渗透测试	参考有关渗透测试方案	签署有关授权协议
渗透测试报告	××系统渗透测试报告	
7. 数据整理、风险评估报告以及加固建议		
资产风险	资产风险评估报告	
信息系统安全	整体网络安全报告	领导参阅版和技术人员参阅版
加固建议	安全加固报告、管理规范建议	根据 checklist 进行加固

2.7　常见网络与信息安全威胁

网络与信息安全威胁来自很多方面，这些威胁可以宏观地分为人为因素和自然因素。它们都可以对通信安全构成威胁。攻击可分为主动攻击和被动攻击。主动攻击意在篡改系统所含信息，或者改变系统的状态和操作，因此主动攻击主要威胁信息的完整性、可用性和真实性；被动攻击主要威胁信息系统的保密性。目前，网络面临的威胁主要表现在以下 5 个方面：

（1）网络协议的安全缺陷。因特网的基石是 TCP/IP 协议族，该协议族在实现上力求效率，而没有考虑安全因素，因为那样会大大增加了代码量，从而降低 TCP/IP 的运行效率。所以说 TCP/IP 本身在设计上就是不安全的，了解它的人越多，被人破坏的可能性越大。

（2）黑客的威胁和攻击。资源共享和网络与信息安全一直作为一对矛盾体而存在，计算机网络资源共享的进一步加强，随之而来的网络与信息安全问题也日益突出。各种计算机病毒和网上黑客对 Internet 的攻击越来越激烈，网站、系统遭受破坏的事例不胜枚举。

（3）计算机病毒的危害。计算机病毒是专门用来破坏计算机正常工作的具有高级技巧的程序。它并不独立存在，而是寄生在其他程序之中，它具有隐蔽性、潜伏性、传染性和极大的破坏性。其传播途径不仅通过软盘、硬盘，还可以通过网络的电子邮件和下载软件传播。随着计算机应用的发展，人们深刻认识到病毒对计算机系统造成的严重破坏。

（4）数据窃取。数据窃取指的是数据在计算机或者其他设备中进行存储、处理、传送等过程中，被别人非法窃取的行为。数据窃取导致的损失可能是多方面的，例如个人隐私泄露、金融损失、国家机密泄露等。数据窃取的手段比较多，常见的有网络窃听、黑客窃取、软件发送窃取、电磁辐射信号还原窃取等。

（5）网络软件的漏洞和后门。网络软件不可能百分之百无缺陷和漏洞，这些漏洞和缺陷恰恰是黑客进行攻击的首选目标。

2.8　常规网络与信息安全防御手段

2.8.1　防火墙

（一）防火墙的概念

防火墙由软件和硬件设备组合而成、在内网与外网之间、专用网与公共网之间的边界上构造保护屏障。它是一种高级访问控制设备，置于不同网络与信息安全域之间，是不同网络与信息安全域间通信流的唯一通道，能根据企业有关的安全政策控制（允许、拒绝、监视、记录）进出网络的访问行为。

一个好的防火墙应具备三方面的条件：①内部和外部之间的所有网络数据流必须经过防火墙；②只有符合安全政策的数据流才能通过防火墙；③防火墙自身应对渗透（penetration）免疫。

（二）防火墙的工作模式

防火墙有路由、透明和混合三种工作模式。

（1）路由模式。当防火墙位于内部网络与外部网络之间时，需要将防火墙与内部网络、外部网络以及 DMZ 三个区域相连的接口分别配置成不同网段的 IP 地址，重新规划原有的网络拓扑，此时相当于一台路由器。如图 2-6 所示，防火墙的 Trust 区域接口与公司内部网络相连，Untrust 区域接口与外部网络相连。值得注意的是，Trust 区域接口和 Untrust 区域接口分别处于两个不同的子网中。

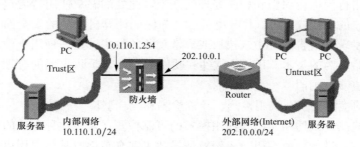

图 2-6　防火墙路由模式示意图

采用路由模式时，可以完成 ACL（Access Control List，访问控制列表）包过滤、ASPF（Application Specific Packet Filter，应用层包过滤）动态过滤、NAT（Network Address Trans lation，网络地址转换）转换等功能。然而，路由模式需要对网络拓扑进行修改（内部网络用户需要更改网关、路由器需要更改路由配置等），这是一件相当繁琐的工作，因此在使用该模式时需权衡利弊。

（2）透明模式。如果防火墙采用透明模式进行工作，则可以避免改变拓扑结构造成的麻烦。此时防火墙对于子网用户和路由器来说是完全透明的，也就是说，用户完全感觉不到防火墙的存在。

采用透明模式时，只需在网络中像放置网桥（bridge）一样插入该防火墙设备即可，无需修改任何已有的配置。与路由模式相同，IP 报文同样经过相关的过滤检查（但是 IP 报文中的源或目的地址不会改变），内部网络用户依旧受到防火墙的保护。

如图 2-7 所示，在透明模式下防火墙的 Trust 区域接口与公司内部网络相连，Untrust 区域接口与外部网络相连，需要注意的是，此时内部网络和外部网络必须处于同一个子网。

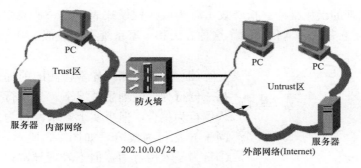

图 2-7　防火墙透明模式示意图

（3）混合模式。如果防火墙既存在工作在路由模式的接口（接口具有 IP 地址），又存在工作在透明模式的接口（接口无 IP 地址），则防火墙工作在混合模式下。

2.8.2　入侵检测设备

入侵检测（Intrusion Detection）是指通过对行为、安全日志、审计数据或其他网络上可以获得的信息进行操作，检测到对系统的闯入或闯入的企图。

入侵检测系统（Intrusion Detection System，IDS）可以被定义为对计算机和网络资源的恶意使用行为进行识别和相应处理的系统，此处的恶意使用行为包括系统外部的入侵和内部用户的非授权行为。IDS 也可以是为保证计算机系统的安全而设计与配置的一种能够及时发现并报告系统中未授权或异常现象的技术，是一种用于检测计算机网络中违反安全策略行为的技术。IDS 是软件和硬件的组合，是防火墙的合理补充，是防火墙之后的第二道安全闸门。

IDS 常用的检测技术有误用检测、异常检测和混合型检测三种。

（1）误用检测：最适用于已知使用模式的可靠检测，采用这种方法的前提是入侵行为能按照某种方式进行特征编码。入侵特征描述了安全事件或其他误用事件的特征、条件、排列和关系。特征构造方式有多种，因此误用检测方法也多种多样，主要包括以下一些方法：

1）专家系统。是指根据一套由专家事先定义的规则推理的系统。入侵行为用专家系统的一组规则描述，事件产生器采集到的可疑事件按一定的格式表示成专家系统的事实，推理机用这些规则和事实进行推理，以判断目标系统是否受到攻击或有受攻击的漏洞等。专家系统的建立依赖于知识库（规则）的完备性，规则的形式是 IF-THEN 结构。IF 部分为入侵特征，THEN 部分为规则触发时采取的动作。

2）状态转移分析。主要使用状态转移表来表示和检测入侵，不同状态刻画了系统某一时刻的特征。初始状态对应于入侵开始前的系统状态，危害状态对应于已成功入侵时刻的系统状态。初始状态与危害状态之间的迁移可能有一个或多个中间状态。每次迁移都是由一个断言确定的状态经过某个事件触发转移到下一个状态。该方法类似于有限状态机，攻击者执行一系列操作，使系统的状态发生迁移，通过检查系统的状态就可以发现入侵行为。

3）基于条件概率的误用检测。指将入侵方式对应一个事件序列，然后观测事件发生序列，应用贝叶斯定理进行推理，推测入侵行为。

4）基于规则的误用检测。指将攻击行为或入侵模式表示成一种规则，只要匹配相应的规则就认定它是一种入侵行为。这种方法和专家系统有些类似。开源软件 Snort 就采用了这种方法。

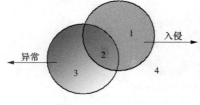

图 2-8　异常行为与入侵行为集合

（2）异常检测。异常检测的前提是异常行为包括入侵行为。最理想情况下，异常行为集合等同于入侵行为集合，但事实上，入侵行为集合不可能等同于异常行为集合，如图 2-8 所示，行为有 4 种：①行为是入侵行为，但不表现异常；②行为是入侵行为，且表现异常；③行为不是入侵行为，却表现异常；④行为既不是入侵行为，也不表现异常。

异常检测的基本思路是构造异常行为集合，将正常用户行为特征轮廓与实际用户行为进行比较，并标识出正常和非正常的偏离，从中发现入侵行为。轮廓定义一个度量集，度量用来衡量用户的特定行为。每一度量与一个阈值相联系。异常检测依赖于异常模型的建立，它假定用户表现为可预测的、一致的系统使用模式，同时随着事件的迁移适应用户行为方面的变化。不同模型构成不同的检测方法，如何获得这些入侵先验概率就成为异常检测方法是否成功的关键。

常见的异常检测方法有以下 4 种：

1）量化分析。异常检测中最常用的方法，它将检测规则和属性以数值形式表示，这些结果是误用检测和异常检测统计模型的基础。量化分析通常包括阈值检测、启发式阈值检测、基于目标的集成检查和数据精简。

2）统计度量。首先给系统对象（如用户、文件、目录和设备等）创建一个统计描述，统计正常使用时的一些测量属性（如访问次数、操作失败次数和延时等）。测量属性的平均值将被用来与网络、系统的行为进行比较，任何观察值在正常值范围之外时，就认为有入侵发生。其优点是可检测到未知的入侵和更为复杂的入侵，缺点是误报、漏报率高，且不适应用户正常行为的突然改变。早期系统的设计都是在集中式框架目标平台上进行监控跟踪的，这样就造成了用户特征轮廓库的维护和更新滞后于审计记录的产生；同时统计分析抹去了事件之间的顺序和内在联系，而很多异常检测都依赖于这样的事件顺序。如果使用量化方法，选择合适的阈值是很困难的，因为不恰当的阈值会带来很高的误报率和漏报率。

3）非参数统计度量。早期的统计方法都使用参数方法描述用户和其他系统实体的行为模式，这些方法都假定了被分析数据的基本分布。一旦假定与实际偏差较大，那么无疑会导致很高的错误率。Lankewica 和 Mark Benard 提出了一种克服这个问题的方法，即使用非参数技术执行异常检测。这个方法只需要很少的已知使用模式，并允许分析器处理不容易由参数方案确定的系统度量。非参数统计与统计度量相比，在速度和准确性上确实有很大提高，但是如果涉及超出资源使用的扩展特性，将会降低分析的效率和准确性。

4）神经网络。使用自适应学习技术来描述异常行为，属于非参数分析技术。神经网络由许多称为单元的简单处理元素组成，这些单元通过使用加权的连接相互作用，具有自适应、自组织、自学习的能力，可以处理一些环境信息复杂、背景知识不清楚的问题。将来自审计日志或正常的网络访问行为的信息，经过处理后产生输入向量，神经网络对输入向量进行处理，从中提取用户正常行为的模式特征，并以此创建用户的行为特征轮廓。这要求系统事先对大量实例进行训练，具有每一个用户行为模式特征的知识，从而找出偏离这些轮廓的用户行为。在使用神经网络进行入侵检测时，主要不足是神经网络不能为使用者提供任何信服的解释，这使其不能满足安全管理需要。

（3）混合型检测。主要包括下列 4 种方法：

1）基于代理检测。基于代理的入侵检测就是在一个主机上执行某种安全监控功能的软件实体。这些代理自动运行在主机上，并且可以和其他相似结构的代理进行交流和协作。一个代理可以很简单（例如，记录在一个特定时间间隔内特定命令触发的次数），也可以很复杂（在一定环境内捕获并分析数据）。基于代理的检测方法是非常有力的，它允许基于代理的入侵检测系统提供异常检测和误用检测的混合能力。

2）数据挖掘。是数据库中的一项技术，作用就是从大型数据集中抽取知识。对于入侵检测系统来说，也需要从大量的数据中提取出入侵特征。将数据挖掘技术引入到入侵检测系统中，通过数据挖掘程序处理搜集到的审计数据，为各种入侵行为和正常操作建立精确的行为模式，这是一个自动的过程。挖掘审计数据通常有 3 种方法，即分类、连接和顺序分析。数据挖掘方法的关键点在于算法的选取和建立一个正确的体系结构。数据挖掘的优点在于处理大量数据的能力与进行数据关联分析的能力非常强，因此基于数据挖掘的检测算法将会在入侵预警方面发挥优势。

3）免疫系统方法。这个方法是由 Forrest 和 Hofmeyr 等人提出的，他们注意到了生理免疫系统和系统保护机制之间有着显著的相似性。通过模仿生物有机体的免疫系统工作机制，可以使受保护的系统将"非自我"（non-self）的攻击行为与"自我"（self）的合法行为区分开来。两者的关键是有决定执行"自我/非自我"的能力，即一个免疫系统能决定哪些东西是无害实体，哪些是有害因素。该方法综合了异常检测和误用检测两种方法。

4）遗传算法。是一类称为进化算法的一个实例。进化算法吸收达尔文自然选择法则（适者生存）来优化问题解决。这些算法在多维优化问题处理方面的能力已经得到认可，并且遗传算法对异常检测的实验结果也是令人鼓舞的，在检测准确率和速度上有较大的优势，但主要的不足就是不能在审计跟踪中精确地定位攻击。

2.8.3 入侵防护设备

入侵防御系统（Intrusion Prevention System，IPS）是一种电脑网络与信息安全设施，是对防病毒软件（Antivirus Programs）和防火墙（Packet Filter，Application Gateway）的补充，是能够监视网络资料传输行为的计算机网络与信息安全设备，能够即时中断、调整或隔离一些具有伤害性的网络资料传输行为。

为了能够准确、及时、有效地阻止各种针对系统漏洞的攻击，屏蔽蠕虫、病毒和间谍软件，防御 DOS 及 DDOS 攻击，阻断或限制各类 P2P 软件的误用和滥用，IPS 首先支持线内工作模式。线内工作模式是将 IPS 部署在数据传输的路径中，任何数据流都必须经过 IPS 并被检测，一旦发现不正常的网络资料传输行为，IPS 立即阻断该传输行为，如图 2-9 所示。

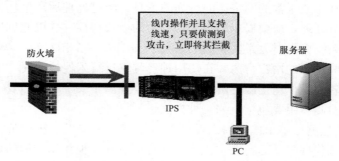

图 2-9　IPS 线内操作方式

IPS 的线内工作模式对现有网络没有影响，此时 IPS 工作在全透明模式，本身不需要设置 IP 地址，不需要对现有网络作任何修改。另外，IPS 的线内工作模式对各种网络协议是完全透明的，特别是 VRRP、HSRP 等网络冗余协议，实现了即插即用，大大提高了部署效率。

IPS 的线内工作模式，在实现入侵检测和防御的同时，不会引入过大的处理延时，否则 IPS 将成为网络的瓶颈，导致应用系统吞吐量的下降。对于多数的在线应用，端到端的性能与延时是成反比的，加倍延时会使一个任务的完成花费 2 倍以上的时间。通常情况下，局域网的延时大约是 $200\mu s$，因此，引入 IPS 的线内工作模式时，网络的延时小于 $200\mu s$。

IPS 工作线内模式，除了低延时以外，还具备高吞吐能力。此时，IPS 是能够与以太网交换机的吞吐能力相匹配的。在实际网络中，当打开成千上万条攻击过滤器时，IPS 仍能够保持线速的处理能力，即 IPS 能够像网络交换机一样具备低延时和线速的性能。

IPS 在支持线内工作模式的同时，还支持双机冗余备份，即支持 HA 工作模式。否则，部署 IPS 会成为网络故障的严重隐患，一旦单台 IPS 出现故障，就会造成整个网络业务系统进入瘫痪状态。

IPS 的 HA 工作模式是一种有状态的冗余，即两台 IPS 的过滤列表是完全同步的，一旦其中一台出现故障，另外一台可以立即接管全部的检测和防御任务。当两台均健康工作时，可以实现负载均衡，即 Active-Active 工作模式。具体工作方式如图 2-10 所示。

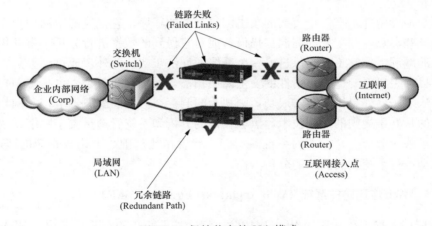

图 2-10   保持状态的 HA 模式

许多优秀的 IPS 提供了良好的可管理性，除了支持 SSH 和 HTTPS 等安全管理方式外，还支持基于 Web 的友好界面。这大大简化了 IPS 的配置，提高了运行和维护的效率。IPS 支持完备的日志和报表功能，能够查看和导出趋势分析报告、事件交叉分析、实时流量统计图表、过滤的攻击种类和网络主机与服务等信息。

2.8.4 漏洞扫描设备

漏洞扫描是指基于漏洞数据库，通过扫描等手段对指定的远程或者本地计算机系统的安全脆弱性进行检测，发现可利用漏洞的一种安全检测（渗透攻击）行为。

漏洞扫描设备，也称为脆弱性扫描与管理系统，功能包括应用检测、漏洞扫描、弱点识别、风险分析、综合评估的脆弱性扫描与管理评估产品，不但可分析和指出有关网络的安全漏洞及被测系统的薄弱环节，给出详细的检测报告，并针对检测到的网络与信息安全隐患给出相应的修补措施和安全建议。漏洞扫描设备可以提高内部网络与信息安全防护性能和抗破坏能力，检测评估已运行网络的安全性能，为网络系统管理员提供实时安全建议提供一种有效实用的脆弱性评估工具。

漏洞扫描设备通过多种扫描方法关联校验的方式对漏洞进行扫描，且对漏洞特征库进行持续不断地升级，从而确保漏洞判断准确无误。支持对终端、服务器、路由/交换设备、操作系统（Windows/Linux/Unix）、应用服务等进行漏洞管理，具有覆盖 2～7 层漏洞检测技术，尤其针对 Web 应用系统进行代码级检测，消除 XSS 跨站脚本、SQL 注入、网页挂马等漏洞威胁，且支持对 SSL 加密应用的漏洞管理。

网络漏洞扫描设备的扫描工作原理是：首先探测目标系统的活动主机，对活动主机进行端口扫描，确定系统开放的端口，同时根据协议指纹技术识别出主机的操作系统类型；然后漏洞扫描设备对开放的端口进行网络服务类型的识别，确定其提供的网络服务。漏洞扫描设备根据目标系统的操作系统平台和提供的网络服务，调用漏洞资料库中已知的各种漏洞进行逐一检测，通过对探测响应数据包的分析，判断是否存在已知安全漏洞。目标系统可以是工作站、服务器、交换机、数据库应用等各种对象。扫描结果可以给用户提供周密可靠的安全性分析报告，是提高网络与信息安全整体水平的重要依据。

漏洞扫描设备并不是一个直接的攻击网络漏洞的程序，它仅仅能帮助用户发现目标机存在的某些弱点。一个好的漏洞扫描设备能对它得到的数据进行分析，帮助用户查找目标主机的漏洞。但它不会提供进入一个系统的详细步骤。此外，通过模拟黑客的进攻手法，对目标主机系统进行攻击性的安全漏洞扫描，如测试弱口令，也是漏洞扫描设备的实现方法之一，如果模拟攻击成功，则视为漏洞存在。在匹配原理上，漏洞扫描设备主要采用的是基于规则的匹配技术，黑客攻击的分析和系统管理员关于网络系统安全配置的实际经验，形成一套标准的系统漏洞库，然后在此基础之上构成相应的匹配规则，由程序自动进行系统漏洞扫描的分析工作。

2.8.5　Web 应用防护系统（Web Application Firewall，WAF）

Web 应用防护系统又称作 Web 应用防火墙，按照百度百科上的定义，Web 应用防火墙是通过执行一系列针对 HTTP/HTTPS 的安全策略来专门为 Web 应用提供保护的一款产品。作为绝大多数互联网公司 Web 防御体系最重要的一环，承担了抵御常见的 SQL 注入、XSS、远程命令执行、目录遍历等攻击的作用，应像大厦的保安一样默默工作，作为第一道防线守护业务的安全。

WAF 的安全防护范围非常广，包括但不仅限于以下几种：

（1）网站内容保护：反恶意抓取、垃圾信息注入、黄赌毒信息注入、主页篡改（这个对党政军用户极其重要）等。

（2）高级业务逻辑 CC 攻击：对 API 接口的海量调用，例如短信接口、验证码接口、登录接口、数据查询接口等，撞库也可以算这类。

（3）轻量级防薅羊毛：暴力注册、刷红包、刷代金券、各种刷。

WAF 的详细介绍和部署配置方式见本书 4.5.3 内容。

2.8.6 网络准入技术

网络准入这一概念是由思科公司发起，后续由华为、联软、北信源等多家厂商根据此概念，基于在 NACC、802.1x、EOU、WebAuth、MAB、IAB 的基础上自主研发的一门新兴技术。其宗旨是防止病毒和蠕虫等新兴黑客技术对企业安全造成危害，为企业建设一套网络与信息安全体系。

（1）网络准入技术主要功能。包括用户身份认证、终端完整性检查、终端安全隔离与修补、非法终端网络阻断和接入强制技术。

1）用户身份认证。从接入层对访问的用户进行最小授权控制，根据用户身份严格控制用户对内部网络访问范围，确保企业内网资源安全。

2）终端完整性检查。通过身份认证的用户还必须通过终端完整性检查，查看连入系统的补丁、防病毒等功能是否已及时升级，是否具有潜在安全隐患。

3）终端安全隔离与修补。对通过身份认证但不满足安全检查的终端不予以网络接入，并强制引导移至隔离修复区，提示用户安装有关补丁、杀毒软件、配置操作系统有关安全设置等。

4）非法终端网络阻断。能及时发现并阻止未授权终端对内网资源的访问，降低非法终端对内网进行攻击、窃密等安全威胁，从而确保内部网络的安全。

5）接入强制技术。支持几乎所有的网络接入强制技术，如 802.1X、DNS 代理、防火墙、CISCO EOU、H3C Portal、VPN 等，实现从网络层到系统层接入的全面、深度控制，有效拒绝未知设备接入。

（2）网络准入控制主要组件。包括终端安全检查软件、网络接入设备（接入交换机和无线访问点）、策略/AAA 服务器。

1）终端安全检查软件。主要负责对接入的终端进行主机健康检查和进行网络接入认证。当前更倾向于采用轻量级或可溶解的客户端，以降低终端的部署和使用压力。

2）网络接入设备。实施准入控制的网络设备包括路由器、交换机、无线接入点和安全设备。这些设备接受主机委托，然后将信息传送到策略服务器，在那里实施网络准入控制决策。网络将按照客户制定的策略实施相应的准入控制决策，即允许、拒绝、隔离或限制。

3）策略/AAA 服务器、策略服务器。负责评估来自网络设备的端点安全信息，并决定应该使用哪种接入策略（接入、拒绝、隔离或打补丁）。

（3）网络准入控制系统基本工作原理。当终端接入网络时，首先由终端设备和网络接入设备（如交换机、无线 AP、VPN 等）进行交互通信；然后，网络接入设备将终端信息发给策略/AAA 服务器对接入终端和终端使用者进行检查；当终端及使用者符合策略/AAA 服务器上定义的策略后，策略/AAA 服务器会通知网络接入设备，对终端进行授权和访问控制。

（4）常用的网络准入控制方式。主要有 802.1x、DHCP、网关型、MVG、ARP 型准入控制五种。

1）802.1x 准入控制。其优点是在交换机支持 802.1x 协议的时候，能够真正做到对网络边界的保护。缺点是不兼容老旧交换机，必须更换新的交换机；同时，交换机下接不启用 802.1x 功能的交换机时，无法对终端进行准入控制。

2）DHCP 准入控制。其优点是兼容老旧交换机。缺点是不如 802.1x 协议的控制力度强。

3）网关型准入控制。其不是严格意义上的准入控制，它没有对终端接入网络进行控制，而只是对终端出外网进行了控制。同时，网关型准入控制会造成出口宕掉的瓶颈效应。

4）MVG 准入控制。其前身是思科公司的 VG（虚拟网关）技术，且该技术仅支持思科公司相关设备。受该技术的启发，国内某些公司开发了 MVG（多厂商虚拟网关）技术。MVG 技术支持目前市场上几乎所有的交换机设备。

5）ARP 型准入控制。这种准入控制是通过 ARP 欺骗实现的。ARP 欺骗实际上是一种变相病毒，容易造成网络堵塞。目前越来越多的终端安装 ARP 防火墙，ARP 准入控制在这种情况下不能起作用。

2.9　常用工具

2.9.1　Wireshark

Wireshark（前称 Ethereal）是一个网络封包分析软件。它是一个理想的开源多平台网络协议分析工具，其功能是撷取网络封包，并尽可能显示出最为详细的网络封包资料。Wireshark 使用 WinPCAP 作为接口，直接与网卡进行数据报文交换。它可以让使用者在一个活动的网络里捕获并交互浏览数据，根据需求分析重要的数据包里的细节。

网络封包分析软件的功能可想象成电工技师使用电表来量测电流、电压、电阻的工作——只是将场景移植到网络上，并将电线替换成网络线。在过去，网络封包分析软件是非常昂贵的，或是专门属于营利用的软件。Ethereal 的出现改变了这一切。Ethereal 是目前全世界最广泛的网络封包分析软件之一。

2.9.2　Metasploit

Metasploit 是一款开源的安全漏洞检测工具，可以帮助安全和 IT 专业人士识别安全性问题，验证漏洞的缓解措施，并对管理专家驱动的安全性进行评估，提供真正的安全风险情报。主要功能包括智能开发、密码审计、Web 应用程序扫描、社会工程、团队合作，在 Metasploit 和综合报告提出他们的发现。

Metasploit 是一个免费的、可下载的框架，通过它可以很容易地获取、开发并对计算机软件漏洞实施攻击。它本身附带数百个已知软件漏洞的专业级漏洞攻击工具。当 H. D. Moore 在 2003 年发布 Metasploit 时，计算机安全状况也被永久性地改变了。仿佛一夜之间，任何人都可以成为黑客，每个人都可以使用攻击工具来攻击那些未打过补丁或者刚刚打过补丁的漏洞。软件厂商再也不能推迟发布针对已公布漏洞的补丁了，因为 Metasploit 团队一直都在努力开发各种攻击工具，并将它们贡献给所有 Metasploit 用户。

2.9.3 BurpSuite

Burp Suite 是用于攻击 Web 应用程序的集成平台。它包含了许多工具，并为这些工具设计了许多接口，以促进加快攻击应用程序的过程。所有的工具都共享一个能处理并显示 HTTP 消息、持久性、认证、代理、日志、警报的一个强大的可扩展的框架。

Burp Suite 包含了一系列 burp 工具，这些工具之间有大量接口可以互相通信，以促进和提高整个攻击的效率。Burp Suite 允许攻击者结合手工和自动技术去枚举、分析、攻击 Web 应用程序。这些不同的 burp 工具通过协同工作，有效地分享信息，支持以某种工具中的信息为基础供另一种工具使用的方式发起攻击。

2.9.4 Nmap

Nmap（Network Mapper，网络映射器）是一款开放源代码的网络探测和安全审核的工具。它的设计目标是快速地扫描大型网络，当然扫描单个主机也没有问题。Nmap 以新颖的方式使用原始 IP 报文来发现网络上有哪些主机，那些主机提供什么服务（应用程序名和版本），那些服务运行在什么操作系统（包括版本信息），它们使用什么类型的报文过滤器/防火墙，以及一些其他功能。虽然 Nmap 通常用于安全审核，许多系统管理员和网络管理员也用它来做一些日常的工作，如查看整个网络的信息，管理服务升级计划，以及监视主机和服务的运行。

2.9.5 SQLmap

SQLmap 是一个自动化的 SQL 注入工具，其主要功能是扫描、发现并利用给定的 URL 的 SQL 注入漏洞，目前支持的数据库是 MySQL，Oracle，PostgreSQL，Microsoft SQL Server，Microsoft Access，IBM DB2，SQLite，Firebird，Sybase 和 SAP MaxDB。SQLmap 采用五种独特的 SQL 注入技术，分别是：

（1）基于布尔的盲注，即可以根据返回页面判断条件真假的注入。

（2）基于时间的盲注，即不能根据页面返回内容判断任何信息，用条件语句查看时间延迟语句是否执行（即页面返回时间是否增加）来判断。

（3）基于报错注入，即页面会返回错误信息，或者把注入的语句的结果直接返回在页面中。

（4）联合查询注入，可以使用 union 的情况下的注入。

（5）堆查询注入，可以同时执行多条语句的执行时的注入。

2.9.6 Kali Linux

Kali Linux 是基于 Debian 的 Linux 发行版，设计用于数字取证和渗透测试和黑客攻防。由 Offensive Security Ltd 维护和资助。最先由 Offensive Security 的 Mati Aharoni 和 Devon Kearns 通过重写 BackTrack 来完成。BackTrack 是他们之前写的用于取证的 Linux 发行版。Kali Linux 预装了许多渗透测试软件，包括 nmap（端口扫描器）、Wireshark（数据包分析器）、John the Ripper（密码破解器），以及 Aircrack-ng（一套用于对无线局域网进行渗透测试的软件）。用户可通过硬盘、live CD 或 live USB 运行 Kali Linux。Metasploit 是一套针对远程主机进行开发和执行 Exploit 代码的工具。

第3章

当代网络与信息安全风险和挑战

3.1 网络与信息安全问题产生的根源

技术故障、黑客攻击、病毒和漏洞等原因都可以引发网络与信息安全问题，网络与信息安全问题产生的根源可以从内因和外因两个方面加以分析。

3.1.1 网络与信息安全问题内因

网络与信息安全问题的内因是信息系统自身存在脆弱性。信息系统过程、结构和应用环境的复杂性导致系统本身不可避免地存在脆弱性。换句话说，信息系统的脆弱性是一种客观存在。信息系统生命周期的各个阶段都可能引入安全缺陷。在需求分析和设计阶段，由于用户对安全重视不足，安全需求不明确，开发人员在设计过程中会优先考虑系统功能、易用性、代码大小和执行效率等因素，将安全放在次要位置。在实现阶段，尚未普遍使用软件安全开发工程，开发的软件存在安全缺陷。在使用和运行阶段，安全管理不到位，运维人员意识薄弱或能力不足，容易导致系统操作失误，或被恶意攻击。

3.1.2 网络与信息安全问题外因

网络与信息安全问题的外因是信息系统面临着众多威胁。这些威胁包括人为因素和非人为因素（也称为环境因素）两大类。人为因素可以分为个人威胁、组织威胁和国家威胁3个层面，根据掌握的资源，这3个层面所具备的威胁能力依次递增，如表3-1所示。非人为因素，如雷击、地震、火灾和洪水等自然灾害及极端天气，也容易引发网络与信息安全问题。

表 3-1   外部威胁—人为因素

威胁的层面	威胁的实施者	威胁手法
国家威胁	信息作战部队	巩固战略优势，制造混乱，进行目标破坏
	情报机构	搜集政治、军事、经济等情报消息
组织威胁	网络恐怖分子	破坏公共秩序、制造社会混乱等
	工业间谍	掠夺竞争优势、打击竞争对手
	网络犯罪团伙	获取非法经济利益等
个人威胁	社会型黑客	获取经济利益、恐吓、获取声望等
	娱乐型黑客	恶作剧、实现自我调整

3.2 网络与信息安全分析

3.2.1 国际网络与信息安全现状

当前，世界各国信息化快速发展，信息技术的应用促进了全球资源的优化配置和发展模式的创新，互联网对政治、经济、社会和文化的影响更加深刻，信息化渗透到国民生活的各个领域，网络和信息系统已经成为关键基础设施乃至整个经济社会的神经中枢，围绕信息获取、利用和控制的国际竞争日趋激烈，保障网络与信息安全成为各国重要议题。近年来，全球频现重大安全事件，2013 年曝光的"棱镜门"事件、"RSA 后门"事件，2017 年爆发的新型"蠕虫式"勒索软件 WannaCry 等更是引起各界对网络与信息安全的广泛关注。

3.2.1.1 面临的风险和挑战

（1）网络攻击从最初的自发式、分散式的攻击转向专业化的有组织行为，呈现出攻击工具专业化、目的商业化、行为组织化的特点。随着获利成为网络攻击活动的核心，许多信息网络漏洞和攻击工具被不法分子和组织商品化，以此来牟取暴利，从而使网络与信息安全威胁的范围加速扩散。

（2）个人信息及敏感信息泄露的网络与信息安全事件，可能引发严重的网络诈骗、电信诈骗、财务勒索等犯罪案件，并最终导致严重的经济损失。

（3）政府机构、工业控制系统、互联网服务器遭受攻击破坏、发生重大安全事件，将导致能源、交通、通信、金融等基础设施瘫痪，造成灾难性后果，严重危害国家经济安全和公共利益。

3.2.1.2 应对措施

全球整体网络与信息安全形势不容乐观，国际间网络空间竞争形势日益紧张。为了应付日益复杂的网络与信息安全挑战，发达国家从国家战略、法律法规、制度标准、管理和技术等多方面进行应对。

（1）重视网络与信息安全网络战略规划。网络与信息安全在国外已经上升到了国家战略层次。面对日益严峻的网络空间安全威胁，美国、德国、英国、法国等世界主要发达国家纷纷出台了国家网络与信息安全战略，明确网络空间战略地位，并提出将采取包括外交、军事、经济等在内的多种手段保障网络空间安全。2011 年 4 月，美国发布了《网络空间可信身份国家战略》，首次将网络空间的身份管理上升到国家战略的高度，并着手构建网络身份生态系统。这一战略的出台表明美国已高度认识到网络身份安全在保障网络空间安全中的重要战略地位。从各国的战略规划内容来看，一方面政府希望通过顶层安全战略的制定来引导本国安全产业的发展；另一方面对于网络空间的保护逐渐上升到和传统疆域保卫同等的地位上来，通过成立网络与信息安全部队以加速军队网络与信息安全攻防的研发，积极应对未来有可能发生的网络战争。

（2）美、俄、日均以法律的形式规定和规范网络与信息安全工作，为有效实施安全措施提供了有力保证。2000 年 10 月，美国的电子签名法案正式生效，同月美参议院通过了《互联网网络完备性及关键设备保护法案》。2000 年 6 月，日本公布了旨在对付黑客的《信息网络安全可靠性基准》的补充修改方案。2000 年 9 月，俄罗斯实施了关于网络信息安全的法律。

（3）国际网络与信息安全管理标准化与系统化。在 20 世纪 90 年代之前，网络与信息安全主要依靠安全技术手段与不成体系的管理规章来实现。随着 20 世纪 80 年代 ISO 9000 质量管理体系标准的出现及其随后在全世界的推广应用，系统管理的思想在其他领域也被借鉴与采用，网络与信息安全管理也同样在 20 世纪 90 年代步入了标准化与系统化的管理时代。1995 年，英国率先推出了 BS 7799 网络与信息安全管理标准，该标准于 2000 年被国际标准化组织认可为国际标准 ISO/IEC 17799。现在该标准已引起许多国家与地区的重视，在一些国家已经被推广与应用。组织贯彻实施该标准可以对网络与信息安全风险进行安全系统的管理，从而实现组织网络与信息安全。其他国家及组织也提出了很多与网络与信息安全管理相关的标准。

（4）重视网络与信息安全管理工作。信息化发展比较好的发达国家，特别是美国，非常重视国家网络与信息安全的管理工作。美、俄、日等国家都已经或正在制订自己的网络与信息安全发展战略和发展计划，确保网络与信息安全沿着正确的方向发展。美国网络与信息安全管理的最高权力机构是美国国土安全局，分担网络与信息安全管理和执行的机构有美国国家安全局、美国联邦调查局、美国国防部等，主要是根据相应的方针和政策结合本部门的情况实施网络与信息安全保障工作。2000 年初，美国出台了电脑空间安全计划，旨在加强关键基础设施、计算机系统网络免受威胁的防御能力。2000 年 7 月，日本信息技术战略本部及网络与信息安全会议拟定了网络与信息安全指导方针。2000 年 9 月，俄罗斯批准了《国家信息安全构想》，明确了保护网络与信息安全的措施。

（5）注重网络与信息安全技术的研发和投入，引领技术发展趋势。严峻的网络与信息安全形势驱动安全市场的快速增长。根据 Gartner 的数据显示，2016 年全球网络与信息安全产品和服务的开支达到 816 亿美元，比 2015 年增长 7.9%。数字化企业的多个要素日益推动全球关注网络与信息安全，尤其是云计算、移动计算和物联网等，而错综复杂、影响重大的高级针对性攻击同样对网络与信息安全起到了推动作用。

（6）网络与信息安全的先进理念不断发展和完善。如 IATF 的纵深防御理念和分层分区理念、ISO 27000 的网络安全管理模型、IBM 的安全治理模块等。

3.2.2　国内网络与信息安全现状

国内的网络与信息安全相比国外有一定距离，不过也正在快速赶上。国内现在以等级保护体系和分级保护体系为主要手段，以保护重点为特点，强制实施以提高对重点系统和设施的网络与信息安全保障水平。国内的网络与信息安全标准通过引进和消化也已经初步成了体系。国内的网络与信息安全体系框架较少，主要是等级保护和分级保护。

3.2.2.1　面临的风险和挑战

（1）国家层面的网络与信息安全管理整体策略不完善。网络与信息安全管理的现状比较混乱，缺乏一个国家层面上的整体策略，实际管理力度不够，政策执行和监督力度也不够。

（2）网络与信息安全管理体系未建立。具有我国特点的、动态的和涵盖组织机构、文件、控制措施、操作过程和程序及相关资源等要素的网络与信息安全管理体系还未建立起来。

（3）网络与信息安全风险评估标准体系不完善。网络与信息安全的需求难以确定，缺乏系统、全面的网络与信息安全风险评估和评价体系以及全面、完善的网络与信息安全保障体系。

（4）网络与信息安全意识缺乏。网络与信息安全普遍存在重产品、轻服务，重技术、轻管理的思想。全社会的网络与信息安全意识不强，对于网络与信息安全问题造成的损失和可能带来的损失缺乏预见性，缺少防范措施，网络行为的道德规范尚未形成。

（5）投入不足，人才缺乏。国家和企业在网络与信息安全专项经费投入不足，管理人才极度缺乏，基础理论研究和关键技术薄弱，严重依靠国外。资金上，我国在网络与信息安全投入上占据 IT 总投入比例相对发达国家过低，我国这一比例仅为 2% 左右，而发达国家已经达到 10%～12%。

（6）技术能力和创新不足。技术上，我国网络与信息系统防护水平不高、应急能力不强，网络与信息安全管理和技术人才缺乏，关键技术上整体比较落后、长期缺乏核心竞争力。网络与信息安全的技术创新不够，网络与信息安全管理产品水平和质量不高。

（7）立法管理机构缺乏统一和协调。网络与信息安全立法缺乏权威、统一、专门的组织、规划、管理和实施协调的立法管理机构，致使我国现有的一些网络与信息安全管理方面的法律法规层次不高，执法主体不明确，多头管理，规则冲突，缺乏可操作性，执行难度较大，有法难依。我国网络与信息安全法律法规和标准不完善，虽然自 1994年便出台了《计算机系统安全保护条例》，但仍然存在着法律法规内容重复交叉、同一行为有多个行政处罚主体、法律引用不当、规章与行政法规相抵触、行政审批部门及审批事项多、处罚幅度不一致等弊端。

3.2.2.2 应对措施

（1）中央关于网络与信息安全的政策不断出台，高度逐渐提升到战略层面。国家高度重视网络与信息安全产业的发展，早在 2003 年，中共中央办公厅、国务院办公厅转发了《国家信息化领导小组关于加强信息安全保障工作的意见》，党的十六届四中全会将网络与信息安全上升到国家安全的战略层面，明确提出"确保国家的政治安全、经济安全、文化安全和信息安全"。面对日益复杂的全球网络与信息安全形势和国内网络与信息安全现状，2012 年，党的十八大报告中强调，要高度关注网络空间安全，并将网络空间安全、海洋安全、太空安全置于同一战略高度。2013 年，党的十八届三中全会也再次指出，"加大依法管理网络力度，加快完善互联网管理领导体制，确保国家网络和信息安全"。2014 年，中央网络安全和信息化领导小组成立，充分体现了国家对网络与信息安全的重视程度。2016 年 11 月，全国人民代表大会常务委员会通过《中华人民共和国网络安全法》，并于 2017 年 6 月 1 日开始实施，强调了金融、能源、交通、电子政务等行业在网络与信息安全等级保护制度的建设。2016 年 12 月，国家互联网信息办公室发布《国家网络空间安全战略》，是我国第一次向全世界系统、明确地宣示和阐述对于网络空间发展和安全的立场和主张。2017 年 1 月，工业和信息化部制定印发了《信息通信网络与信息安全规划（2016—2020 年）》，紧扣"十三五"期间行业网络与信息安全工作面临的重大问题，对"十三五"期间行业网络与信息安全工作进行统一谋划、设计和部署。

（2）已初步建成国家网络与信息安全组织保障体系。国务院信息办专门成立了网络与信息安全领导小组，各省、市、自治州也设立了相应的管理机构。2001 年 5 月，成立了中国信息安全产品测评认证中心和代表国家开展信息安全测评认证工作的职能机构，还建立了国家信息安全测评认证体系。2003 年 7 月，国务院信息化领导小组通过了《关于加强信息安全保障工作的意见》，同年 9 月，中央办公厅、国务院办公厅转发了《国家信息化领导小组关于加强信息安全保障工作的意见》，把网络与信息安全提到了促进经济发展、维护社会稳定、保障国家安全、加强精神文明建设的高度，并提出了"积极防御，综合防范"的网络与信息安全管理方针。2003 年 7 月，成立了国家计算机网络应急技术处理协调中心，专门负责收集、汇总、核实、发布权威性的应急处理信息。

（3）制定和引进了一批重要的网络与信息安全管理标准。国内的安全标准组织主要有信息技术安全标准化技术委员会（CITS）、中国通信标准化协会（CCSA）下辖的网络与信息安全技术工作委员会、公安部信息系统安全标准化技术委员会、国家保密局、国家密码管理委员会等部门。发布了国家标准《计算机信息系统安全保护等级划分准则》（GB 17895—1999）、《信息系统安全等级保护基本要求》等技术标准和《信息安全技术信息系统安全管理要求》（GB/T 20269—2006）、《信息安全技术信息系统安全工程管理要求》（GB/T 20282—2006）、《信息系统安全等级保护基本要求》等管理规范，并引进了国际上著名的《ISO 17799：2000：信息安全管理实施准则》《BS 7799-2：2000：信息安全管理体系实施规范》等网络与信息安全管理标准，初步形成了包括基础标准、技术标准、管理标准和测评标准在内的网络与信息安全标准体系框架。

（4）制定了一系列必需的网络与信息安全管理的法律法规。从 20 世纪 90 年代初起，为配合网络与信息安全管理的需要，国家相关部门、行业和地方政府相继制定了《中华人民共和国计算机信息网络国际联网管理暂行规定》《商用密码管理条例》《互联网信息服务管理办法》《计算机信息网络国际联网安全保护管理办法》《电子签名法》等有关网络与信息安全管理的法律法规文件。

（5）网络与信息安全风险评估工作已经开展，并成为网络与信息安全管理的核心工作之一。由国家信息中心组织先后对四个地区（北京、广州、深圳和上海）、十几个行业的 50 多家单位进行了深入细致的调查与研究，最终形成了《信息安全风险评估调查报告》《信息安全风险评估研究报告》和《关于加强信息安全风险评估工作的建议》，制定了《信息安全技术信息安全风险评估规范》（GB/T 20984—2007）。

3.2.3 网络与信息安全发展趋势

3.2.3.1 国外网络与信息安全发展趋势

随着全球信息化浪潮的不断推进，信息技术正在经历一场新的革命，使社会经济生活各方面都发生着日新月异的变化。虚拟化、云计算、物联网、IPv6 等新技术、新应用和新模式的出现，对网络与信息安全提出了新的要求。同时，新技术、新应用和新模式在国外市场的全面开拓将加快国外网络与信息安全技术创新速度，催生云安全等新的网络与信息安全应用领域，为国外企业与国际同步发展提供了契机。当前在网络与信息安全领域主要有以下五个发展趋势：

（1）网络与信息安全投资从基础架构向应用系统转移。

（2）网络与信息安全的重心从技术向管理转移。

（3）网络与信息安全管理与企业风险管理、内控体系建设的结合日益紧密。

（4）信息技术逐步向网络与信息安全管理渗透。结合大型企业网络与信息安全发展趋势，国际各大咨询公司、厂商等机构纷纷提出了符合大型企业业务和信息化发展需要的网络与信息安全体系架构模型，着力建立全面的企业网络与信息安全体系架构，使企业的网络与信息安全保护模式从较为单一的保护模式发展成为系统、全面的保护模式。

（5）更加重视网络与信息安全规划，关注防御能力的科技开发。

1）美国高度重视网络与信息安全规划。针对网络与信息安全研发的六个关键方面，即科学基础、风险管理、人的因素、研究成果转化、人员开发和研究的基础设施，在联邦网络与信息安全研发中优先开展基础和长期研究；减少公共和私有机构联合研发的障碍，加强相关激励；评估成果转化的障碍，确定相关激励措施，尤其重视新兴技术和威胁。

2）防御能力科技开发的新原则：

a. 威慑：衡量并增加对手实施相关活动的成本，减少活动造成的破坏，增加潜在对手的风险和不确定，以有效阻止恶意网络活动。

b. 保护：使组件、系统、用户和关键基础设施有效地抵御恶意网络活动，确保机密性、完整性、可用性和可追究性。

c. 行为：有效地侦察甚至预测对手的行为。

d. 适应：通过有效地响应破坏、从损毁中恢复运行、调整以挫败未来类似活动，防御者可动态地适应恶意网络活动。

3.2.3.2 国内网络与信息安全发展趋势

目前我国网络与信息安全的防护能力处于发展的初级阶段，许多应用系统处于不设防状态，且忙于封堵现有信息系统的安全漏洞。要解决这些迫在眉睫的问题，归根结底取决于网络与信息安全保障体系的建设。必须以等级保护和分级保护工作为主要手段，加强我国企事业单位的网络与信息安全保障水平。

（1）加强网络与信息安全立法工作。在我国中共中央网络与信息安全和信息化领导小组第一次会议召开2周前，美国政府发布了由美国国家标准技术研究所（NIST）制定的《关键基础设施网络安全框架》。这是棱镜门事件后，美国政府首次出台国家级网络与信息安全指导规范，也是奥巴马政府2013年启动保护关键基础设施网络与信息安全战略以来的第一个基础性框架文件。我国也紧跟美国，不断推出网络与信息安全领域的政策。在网络与信息安全立法方面，首先会加快修订原有法律，例如，在《刑法》修订中增加关于网络恐怖主义的相关规定；修订互联网信息服务管理办法，针对新应用建立有效的信息内容管控手段。其次，围绕关键信息基础设施保护、跨境数据流动、信息技术产品和服务供应链安全等一系列重大问题，全国人大和相关单位开展更深入的研究，《网络安全法》取得阶段性成果。再次，中央网信办等机构将加快推进网络与信息安全审查等法律制度建设。此外，由于近两年网络与信息安全形势飞速变化，新威胁层出不穷，信息数据的跨境流动、移动互联网时代网络数据和隐私保护、高级可持续性威胁背景下重要信息系统保护、政府网络与信息安全管理、信息技术产品的安全审查、网络犯罪电子证据取证程序等方面都需要立法进行规范。

（2）全民普及网络与信息安全意识。建立政府、企业联动机制，提高企业安全意识。企事业单位网络与信息安全意识可以通过网络与信息安全法律法规的强制推行和党政军等国家部门以及大型企事业单位的示范效应共同推动，而民众的网络与信息安全意识还需要加强。我国互联网发展，尤其是移动互联网发展迅速，网民普及率将过半。根据中国互联网络信息中心的统计数据，截至2014年12月，我国网民规模达6.49亿人，全年共计新增网民3117万人，互联网普及率为47.9%，较2013年底提升了2.1个百分点。一旦出现网络与信息安全问题，将很容易波及较广范围，造成较大影响。

（3）升级网络与信息安全保障能力。

1）向系统化、主动防御方向发展。网络与信息安全保障逐步由传统的被动防护转向"监测-响应式"的主动防御，产品功能集成化、系统化趋势明显，功能越来越丰富，性能不断提高；产品自适应联动防护、综合防御水平不断提高。

2）向网络化、智能化方向发展。计算技术的重心从计算机转向互联网，互联网正在逐步成为软件开发、部署、运行和服务的平台，对高效防范和综合治理的要求日益提高，网络与信息安全产品向网络化、智能化方向发展。网络身份认证、安全智能技术、新型密码算法等网络与信息安全技术日益受到重视。

3）向服务化方向发展。网络与信息安全内容正从技术、产品主导向技术、产品、服务并重调整，安全服务逐步成为发展重点。

（4）新技术提升网络与信息安全水平。

1）云安全时代到来，"云-管-端"成为技术和产品布局新趋势。云计算发展受安全因素制约，云安全成为基础需求。云计算已经成为未来计算机技术发展的方向，对其定义有很多，核心在于将服务器、应用软件、信息数据等资源集合起来形成共享池，借助于提供的多种服务模式，用户可获得强大的计算、存储能力，而所需管理工作较少，从而实现资源的最优配置。云计算具有便利、廉价、灵活的优势，但同时这一技术的开放性与动态性使其面临大量的数据泄露、数据丢失、不安全接口、共享隔离等一系列问题。虚拟化是云计算时代的主要特征，信息边界模糊，仅仅依靠传统的硬件堆叠的安全防御方式，很难解决云端的安全问题。云安全已经成为云计算时代的基础需求，若不能很好地解决相关问题，云计算的应用范围及之后发展将面临严重制约。云安全与传统安全防护理念迥异。传统安全往往是利用防火墙阻隔内外网，通过限制访问来保护信息系统安全；而云计算发展带来的新的访问模式下，不同用户、不同资源有不同的访问权限控制，没有内外网安全防护之分，用户信息集中于资源池中，需要对资源池进行统一防护。目前我国的云计算应用还处于初始阶段，关注的重点是数据中心建设、虚拟化技术方面，因此，我国的云安全技术多集中在虚拟化安全方面，对于云应用的安全技术涉及的还不多。虽然当前众多厂商提出了各种云安全解决方案，但云安全仍处于起步阶段，除了可能发生的大规模计算资源的系统故障外，云计算安全隐患还包括缺乏统一的安全标准、适用法规，以及对于用户的隐私保护、数据主权、迁移、传输安全、灾备等问题。

2）物联网将成为网络与信息安全攻防双方焦点。万物互联时代带动物联网安全市场快速扩张。随着互联网、大数据、人工智能的不断发展，越来越多的终端设备实现智能化，借助于无线网络技术，已形成了一个万物互联的时代。据最新数据显示，截至2016年底，全球已有66亿个物联网设备，并将保持高速增长，预测在2021年将达到255亿个，物联网安全问题相比传统互联网更为复杂。物联网是互联网的延伸，涉及人类生活的方方面面，将极大推进整个社会的信息化。其中，智能家居、车联网和工业控制正成为物联网中的千亿级主流。物联网连接虚拟和现实，呈现出一系列新特点，主要表现在异构平台出现、攻击防御、认证管理、隐私保护四方面，如图3-1所示。异构平台受云计算、区块链等分布式技术发展而产生；攻击防御方面需防止单点故障导致系统不可用，一旦发生故障需要系统能够自动调节；认证管理方面，数据认证、操作认证等是主要领域，需要注意节点对数据的访问控制；而在隐私保护方面，传输加密和信息使用者感知是新的要求。

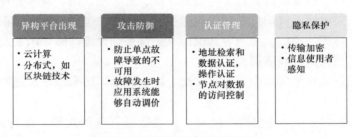

图 3-1　物联网安全新特点

3）虚拟化的安全性。由于虚拟化技术能够通过服务器整合而显著降低投资成本，并通过构建内部云和外部云节省大量的运营成本，因此加速了其在全球范围的普及与应用。目前许多预测已经成为现实：存储虚拟化真正落地，高端应用程序虚拟化渐成主流，网络虚拟化逐渐普及，虚拟化数据中心朝着云计算的方向大步迈进，管理工具比以往更加关注虚拟数据中心。在虚拟化技术应用方面，企业桌面虚拟化、手机虚拟化、面向虚拟化的安全解决方案、虚拟化推动绿色中心发展等领域也取得了长足进步，发展势头比之前预想的还要迅猛。

3.2.4　国家电网公司特有的网络与信息安全特征

随着"互联网＋"、新电力体制改革、全球能源互联网建设的逐步推进，各种新业务形态大量涌现，"大云物移"新技术深度应用，不断推动现有的信息基础设施升级改造，同时也引入各种新的安全风险，给国家电网公司网络与信息安全工作带来了新的机遇和挑战。

电网作为国家重要基础设施，是网络战的首要目标之一，网络攻防由相对离散、局部协同的"系统对抗"向"体系对抗"演进。分布式能源、电动汽车、智能用电园区等新型业务不断涌现，其运营模式、用户群体以及交互方式与传统方式相比也发生了较大变化。

传统以防为主的防御体系面临越来越多的针对性问题，如 APT 攻击、0day 漏洞等"高级定向攻击"手段均有针对性地绕开隔离、加密等传统的保护机制。从未来看，企业安全将会围绕以"信息和人"为中心的安全策略，采用全方位的内部监控和安全情报等主要手段来保护网络与信息安全。

3.2.5 国家电网公司网络与信息安全现状

国家电网公司是关系国家能源安全和国计民生的特大型国有骨干企业，被列为国家关键信息基础设施和网络与信息安全重点保卫单位。从近期国家通报、国家电网公司安全检查结果及日常安全监测数据来看，国家电网公司网络与信息安全形势依旧复杂严峻。公司在数据安全、移动安全、研发安全等方面的漏洞依然存在，在网络与信息安全基础管理方面仍然存在薄弱环节，面临的形势十分严峻。

3.2.5.1 面临的风险与挑战

1. 电网面临的风险与挑战

（1）电网关键信息基础设施覆盖电力发、输、变、配、用、调等各环节，是电网核心组成部分。如果电网关键信息基础设施遭受网络攻击，可能导致大面积停电事件，并直接危害金融、能源、通信、交通等其他国家关键基础设施，破坏国家及社会正常生产生活秩序，造成重大国民经济损失。

（2）电力信息系统结构复杂、分布广泛、影响深远，历来都是实施网络战的首选目标。原因在于：

1）利益驱动：电力公司生产、经营、管理数据（电网规划、运行调度、招投标、金融资产、用户数据）不仅事关国家安全，而且商业价值巨大，备受黑客地下产业链关注。

2）内部风险：管理层级多、链条长，基层单位网络与信息安全意识薄弱，习惯性违章、越权访问、数据篡改行为。

3）敌对势力：电网控制系统成为国外敌对势力重点攻击目标和演习假想对象，攻击来源、攻击精准度、攻击方式和攻击频次逐年递增。

4）工控风险：电网智能化程度提升，客观增大了工业控制系统主站层、通道层、终端层网络与信息安全风险。

（3）电网面临的主要风险。

1）智能化业务面临停电破坏的风险。电力监控系统智能化发展使得停电风险进一步显现，如图 3-2 所示，智能变电站系统、配电自动化系统、负荷控制系统等电力监控系统控制功能更加依赖网络通信技术，易遭受控制指令篡改、业务逻辑破坏等网络与信息安全攻击，引发业务故障或控制指令设置异常，导致停电风险加大。2012 年，一家工业控制网络交换机厂商的网络后门曝光，利用此后门，攻击者不仅可以监听，更可以劫持工业控制系统的控制权，网络技术的应用成为一把双刃剑。

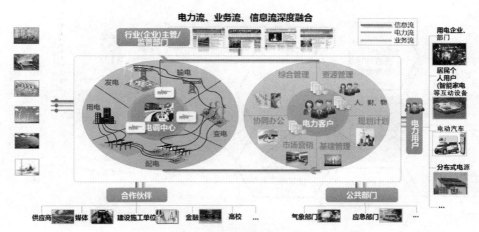

图 3-2　电网智能化业务

2）网络与信息安全边界面临模糊化不可控风险。无线局域网、移动通信网络、卫星通信等多种通信方式、多种网络协议并存，电力通信网络更加复杂。无线通信技术和智能传感技术信息传输过程中存在被非法窃听、篡改和破坏的风险，网络边界变得模糊。由于业务发展需要和地理位置限制，部分电力终端采用无线网络连接上级系统，使得网络攻击途径有所增加。因此，迫切需要正确梳理防护需求，提出适应性更强的网络边界安全防护架构。

3）海量异构终端存在非可信接入风险。智能电网具有数量更庞大的异构智能化交互终端、更泛在的网络与信息安全防护边界、更灵活多样的业务安全接入需求，用户终端存在信息泄露、非法接入、被控制的风险，这对电网异构终端自身完整性保护、攻击防御、漏洞挖掘等各方面都提出了更高的挑战，也对不同种类智能、移动终端的安全控制、安全接入提出了更高的要求。

4）敏感信息面临更高的泄露风险。智能电网业务系统之间、业务系统与外界用户实时交互更加丰富与频繁，数据的采集、存储、传输和处理方式发生了新的变化，暴露面扩大，增加了数据泄露的安全风险，对数据安全保护提出了更高要求。公司数据防泄露主要问题见图 3-3，一旦数据访问权限设置不当，或业务逻辑设计导致系统缺陷，可能导致用户个人信息等隐私泄露。

2. 存在的问题与挑战

（1）技防措施不完善。未按照国家电网公司文件要求进行技防措施建设，未执行互联网出口、安全基线、规范性等要求。

（2）维护响应不高。无法常态化升级安全技防措施的特征库、规则库及病毒库等。

（3）应用程度不高。安全人员无法熟练使用安全装置/系统，处置响应安全事件。

（4）安全策略缺失。桌管、WAF、IPS、IDS等策略配置参差不齐，部分检测、防护配置未开启。

（5）监测分析不足。尚未开展安全监测及分析工作。

（6）部分单位电力监控系统还存在移动介质设备管控不到位、应急演练开展不到位等问题。需要健全安全防护责任体系，切实落实安全管理职责；加大建设资金投入，确保安全防护水平不断提升；加强安全防护队伍和应急能力建设等。

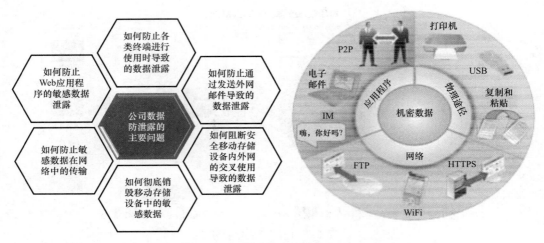

图 3-3 公司数据防泄露主要问题

（7）网络与信息安全仍然存在的突出问题有以下三个：

1）对网络与信息安全形势的复杂性和严峻性认识不足。有些部门（单位）的网络与信息安全负责人对本单位、本部门网络与信息安全情况认识不清、责任不清，部分网络与信息安全岗位人员专业知识匮乏。重发展轻安全、重应用轻保护的现象仍然存在，如某单位充电业务网站在未完成安全测评整改的情况下接入互联网运行，存在交易数据被篡改的风险。公司某水电厂电力监控系统存在漏洞和木马，未完成等级保护测评整改工作，存在系统被控和数据泄露隐患。

2）数据安全、无线终端安全存在隐患。对数据安全防护重要性和风险认识不足，业务数据分类和定级尚不完善，防护对象不清晰，导致防护手段难落地，数据的采集、传输、存储、使用和销毁的全过程管控有待加强。公司部分外网移动作业依托个人手机终端开展，业务数据存在泄露风险。如公司某单位雇用虎牌电务（杭州）有限公司外包人员进行巡线作业，可在个人手机终端中查询杆塔坐标信息。内外网移动作业终端安全管理分散，安全监测不到位，各单位自行开展设备入网安全检测、安全加固和安全备案，落实情况参差不齐。同时，缺少集中的安全监测，无法全面掌握终端和应用的安全状态。

3）网络与信息安全监测预警和应急处置能力不强。公司建立了重大活动应急保障机制，但个别调度机构对突发安全事件的应急处置能力不强，网络与信息安全应急处置方案不健全，相应资金投入不足，应急人员力量薄弱，应急处置能力不足。不同业务部门之间、各单位之间、各单位与总部之间尚未建立监测、研判、处置、预警一体化的统一指挥管控体系，在安全防范和应急处置方面没有形成合力。

3.2.5.2 应对措施

"十二五"以来，国家电网公司全面推进网络与信息安全主动防御体系建设。在网络边界方面，针对不同边界部署了安全接入平台、逻辑强隔离装置、硬件防火墙等安全防护设施；在终端防护方面，主要部署了桌面管理系统保障内外网终端安全；在主机应用防护方面，部署了漏洞补丁管理系统，并统一规范了主机安全基线策略；在数据防护方面，部署了统一数据保护与监控系统，防止敏感信息泄露。在监控分析能力方面，公司也适时、同步建设了网络与信息安全监测相关系统。目前初步实现了互联网出口、桌面终端、边界、应用等对象的安全与运行状态的实时监测，有效提升了网络与信息安全主动监测发现能力。

1. 国家电网公司网络与信息安全防御体系总体情况

"十一五"期间，国家电网公司按照等级保护要求建成了电网网络与信息安全等级保护纵深防护体系，有力保障了公司生产自动化和管理信息化深入推进。

"十二五"期间，国家电网公司在继承完善以双网隔离为核心的等级保护纵深防御体系基础上，全面推进完成网络与信息安全主动防御体系建设，深入推进自主可控国产化战略，强化智能电网安全防护。

2. 国家电网公司网络与信息安全防御体系策略

（1）生产控制大区安全策略：安全分区、网络专用、横向隔离、纵向认证。

1）安全分区：电网企业内部基于计算机和网络技术的业务系统，原则上划分为生产控制大区和管理信息大区。生产控制大区可以分为控制区（又称安全区Ⅰ）和非控制区（又称安全区Ⅱ）。

2）网络专用：电力调度数据网是生产控制大区的专用网络，承载电力实时控制、在线生产交易等业务。电力调度数据网在物理层面上实现与电力企业其他数据网及外部公共信息网的安全隔离。

3）横向隔离：它是电力二次安全防护体系的横向防线。采用不同强度的安全设备隔离各安全区，在生产控制大区与管理信息大区之间必须设置经国家指定部门检测认证的电力专用横向单向安全隔离装置，隔离强度应接近或达到物理隔离。生产控制大区内部的安全区之间应当采用具有访问控制功能的网络设备、防火墙或者相当功能的设施，实现逻辑隔离。

4）纵向认证：是电力监控系统安全防护体系的纵向防线。采用认证、加密、访问控制等技术措施实现数据的远方安全传输及纵向边界的安全防护。

（2）管理信息大区安全策略：分区分域、安全接入、动态感知、全面防护。

1）分区分域：将智能电网系统进行等级保护定级，将各系统划分安全域进行防护。

2）安全接入：确保接入公司信息内外网的边界安全、通道安全和终端安全；实现业务终端的防泄露、防篡改、反控制。

3）动态感知：全面动态监测信息网络、信息系统、终端设备等安全状态；加强前期预警、运行监测、事后审计；实现全过程动态管控。

4）全面防护：提升等级保护纵深防御能力；加强安全基础设施建设；覆盖防护各层次、各环节、各对象；跟踪新技术安全防护及应用。

3. 国家电网公司网络与信息安全防御体系防御措施

（1）国家电网公司网络与信息安全防御体系人防措施主要包括：

1）针对各类、各级人员，提出"知"、"会"要求，"控"违规行为。

2）网络与信息安全队伍覆盖各个层级、各个单位，并在央企率先成立网络与信息安全红蓝队。

3）拥有两个行业网络与信息安全实验室。

4）成立稽查大队，承担对公司各单位的网络与信息安全稽查职能及网络与信息安全事件调查工作。

（2）国家电网公司网络与信息安全防御体系技防措施。主要采取"等级保护、控边界、强加固、收出口"，"统一安全监测、统一密钥管理、统一防病毒、统一数据保护"等措施。

1）等级保护：完成管理信息系统和三级及以上电力监控系统等保测评工作，测评通过率100％。

2）控边界：建立公司"两个大区、十四类边界"。构筑生产控制大区与管理信息大区、信息内网与信息外网、信息外网与互联网"三道防线"。每日拦截来自互联网非正常访问6万余次，高风险攻击2000余次。

3）强加固：设计网络、主机、应用、数据、终端、管理6类配置标准，统一安全策略。建设公司漏洞库，收录软硬件资产漏洞3万余条，与现有资产进行匹配消缺。

4）收出口：将公司互联网出口统一归集至32个，并加强互联网出口监控，可有效防范由于各单位互联网出口分散、安全防护不到位引发的网络与信息安全事件。

5）统一安全监测：对网络设备、主机设备、安全设备、桌面终端、数据库、中间件、业务系统等实现总部、省市公司两级安全监控。对互联网出口网络攻击事件、网络异常流量、敏感信息、病毒木马、用户上网行为、信息外网桌面终端进行实时监测。

6）统一密钥管理：实现对调度数字证书、用电信息采集数字证书、管理信息数字证书的安全管理。全面实施国产商用密码算法应用工作。电网密钥已用于1.8亿电力客户。

7）统一防病毒：实现公司防病毒、防恶意代码软件统一部署、统一更新。全网病毒监控及预警、查杀。

8）统一数据保护：实现对信息内网各类办公文（txt/wps/word/ceb/pdf等）的监测、保护和控制。

（3）国家电网公司网络与信息安全防御体系针对隔离交换、接入交互、监测预警、工控安全、移动安全的技防措施。

1）隔离交换：信息安全网络隔离装置，基于SG-JDBC驱动、专用隔离装置和私有安全通信协议，集成完备的反SQL注入能力、基于标签的安全策略过滤能力以及基于特征的深度内容过滤能力，实现了信息内外网间协议隔离条件下的可控数据库代理访问。如图3-4所示，信息安全网络隔离装置部署于信息内外网边界。

2）接入交互：随着电力移动业务的快速发展，移动终端、表计终端和嵌入式专用终端接入电力信息网络（见图3-5），进行业务交互的需求日益迫切。

3）监测预警：为应对日益严峻的网络信息安全威胁，国家电网公司于2014年开始开展公司级安全中心（见图3-6）的建设工作，确定建立"网络与信息安全预警分析中心"及"网络与信息安全预警分析支撑平台"。

3.2.5.3　网络与信息安全的发展趋势

国家电网公司未来发展的总体目标是：遵循"可管可控、精准防护、可视可信、智能防御"的安全策略，从"十二五"主动防御体系发展至"十三五"以大数据智能分

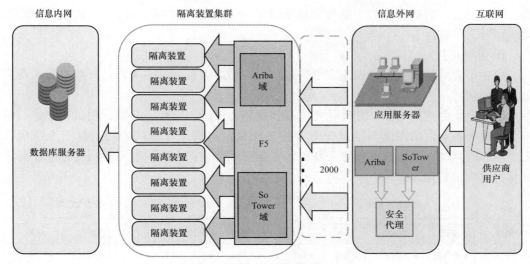

图 3-4　信息安全网络隔离装置

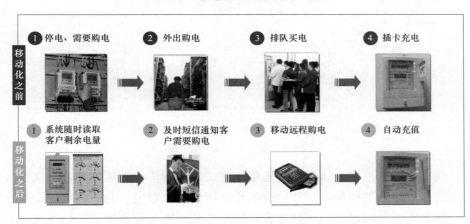

图 3-5　电力移动业务接入情况

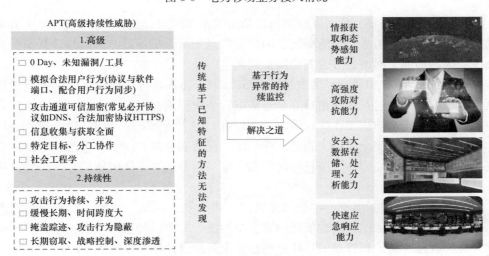

图 3-6　公司安全中心

析、感知预警、联动防御为主的智能防护体系，逐步实现"一平台、一系统、多场景、微应用"。

1. 可管可控

构建可管可控的全生命周期安全管理与内控治理体系（见图3-7），打造攻防兼备安全人才梯队。

（1）全生命周期管控。要优化完善覆盖规划、可研、设计、开发、测试、实施、运行、下线等各阶段的网络与信息安全管控工作机制，重点开展网络与信息安全情报收集、形势研判、安全审查、新业务新技术安全测试及培训，进一步完善制度标准、漏洞修复、供应链管理。

研发安全管理					上线安全管理		运行安全管理		
规划	可研	需求	设计	开发	测试	上线	运行	使用	下线
■信息安全总体规划 ■系统安全规划	■业务影响分析 ■等级初步定级 ■可研评审	■等级保护定级审查 ■安全需求分析 ■安全需求评审	■软硬件选型 ■密码算法及技术选型 ■安全防护方案编制 ■安全方案专项评审	■开发安全编码管理 ■环境管理 ■代码安全管理 ■漏洞挖掘及修复 ■内部安全测试	■上线前安全测评 ■软件著作权管理	■权限回收 ■安全加固 ■上线测试 ■审查及备案	■机房出入管理 ■安全配置管理 ■账号权限管理 ■补丁漏洞管理 ■运行安全监控 ■检修操作管理 ■安全巡检 ■应急保障	■账号权限管理 ■终端设备接入控制 ■数据安全保护 ■人员安全管理 ■使用设备安全管理	■下线安全评估 ■数据备份与迁移 ■剩余信息处理 ■剩余软硬件处理 ■下线备案

图 3-7　全生命周期管控体系

（2）统一互联网出口。遵循"减出口，强防护，重监控"的理念，未来继续开展互联网出口归集统一架构的设计和建设工作，压缩出口数量，并增强边界防护及监测措施等，提升网络与信息安全可控水平，同时监测预警、应急处置和运维能力将显著增强。

1）互联网出口归集。公司互联网出口数量缩至32个。通过出口归集，解决公司互联网出口建设分散、边界安全防御弱、网络与信息安全人员不足、网络与信息安全监管缺失等问题，加强了网络边界的安全防护措施。

2）加强安全防护和督查。集中部署 IPS、IDS、防火墙等防护设备，同时建设信息外网安全监测系统，对互联网出口安全态势进行集中监测。组织安全技术督查队伍，定期对出口归集及安全防护工作执行情况进行督查。与运营商安全部门开展合作，协助清查和开展互联网出口安全工作。通过这些措施，提升安全防护能力，包括：①高风险攻击分析、阻断及拦截能力；②信息外网病毒、木马拦截能力；③敏感信息、垃圾及病毒邮件过滤能力。

3）统一网站防护。国家电网公司坚持"一报一刊一网站"原则，制定合理演进路线，进一步开展统一工作。同时依托国家安全情报，其中以公安部一所为主体，形成扫描、分析、监控、防护和管理的一体化网站安全防护管控体系（见图3-8）。

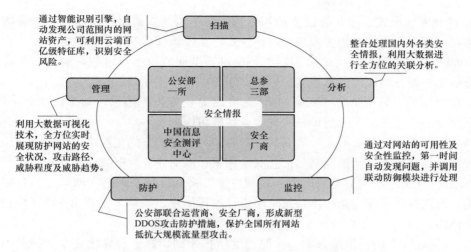

通过智能识别引擎，自动发现公司范围内的网站资产，可利用云端百亿级特征库，识别安全风险。

整合处理国内外各类安全情报，利用大数据进行全方位的关联分析。

利用大数据可视化技术，全方位实时展现防护网站的安全状况、攻击路径、威胁程度及威胁趋势。

通过对网站的可用性及安全性监控，第一时间自动发现问题，并调用联动防御模块进行处理

公安部联合运营商、安全厂商，形成新型DDOS攻击防护措施，保护全国所有网站抵抗大规模流量型攻击。

图 3-8　公司一体化网站安全防护管控体系

统一网站防护未来成效：

a. 以安全防护、信息通报和应急处置等多项防护手段形成合理的公司外网网站安全管理防护体系。

b. 根据安全情报动态制定符合网站实际需求的安全防护措施，实现国家电网公司网站防护策略及措施与国家互联网安全形势同步。

c. 集合云防护体系和传统规则防护体系，为公司网站防护提供新型防护措施，抵抗各类 DDOS、CC 攻击，满足特殊时期国家相关安全部门的防护要求。

（3）统一防病毒。国家电网公司借鉴"互联网＋"理念，与公安部一所合作，开展统一防病毒管控体系建设，以形成公司用户自主选择杀毒软件＋异构杀毒软件统一管理的防病毒运行监控和服务体系。

1）强化杀毒能力。整合各厂家病毒库，实现病毒统一命名。应用云查杀技术，提升防病毒能力。全网状况实时监测，主动防御。

2）提升用户体验。用户根据体验自主选择杀毒软件品牌，精简杀毒客户端，个性化定制杀毒软件功能。

3）统一平台管控。全网统一防病毒中心，病毒库统一升级，异构杀毒软件数据集中管控，纳入安全监控体系。

4）提升服务能力。建立标准化服务支撑队伍，制定统一的用户服务响应标准，制定统一的杀毒软件厂商和用户单位考核标准。

统一防病毒未来成效：

a. 统一监管机制。明确公司防病毒统一采购、技术、监控、管理及后期运行监管体系。

b. 控制投资成本。统一与杀毒软件厂商洽谈，形成规模效应，控制软件采购和技术服务成本。可延续各单位原有的杀毒软件许可，避免重复建设。

c. 完善技术手段。全面引进云查杀技术，提升病毒查杀能力，提升用户体验；同时建设异构厂商防病毒统一管控系统，完善分析预警功能，提升主动管控能力。

d. 优化专业模式。建立覆盖公司各分部、各单位及直属单位的防病毒服务闭环体系，依托内部专业支撑队伍实现统一防护模式，实现防病毒专业的高效服务。

e. 健全考核机制。公司统一制定考核标准，全面监控服务过程，确定防病毒相关的服务范围、服务响应等保障措施。

f. 精准防护。紧密结合"互联网＋"、电改等业务防护需求，动态优化防护体系，深入开展新业务新技术安全防护，实现业务精准防护。

（4）紧密结合"互联网＋"等新兴业务防护需求，动态优化网络与信息安全顶层设计，研究更加高效、灵活的网络与信息安全体系，推动业务数据高效流动与融合。

1）在优化网络结构方面：运用互联网思维，研究设计未来公司网络与信息安全布防结构，对现有公司安全防护体系及顶层设计进行优化、调整，促进业务灵活应用，提升用户体验。

2）在优化安全防护措施方面：按照适度防护原则，制定差异化安全防护原则以及配套安全措施，面向不同类型业务（生产控制类、经营管理类、对外服务类等）提供更加高效、精准的安全服务。

（5）设计适应"大云物移"新技术的安全防护架构，攻关云计算、大数据、量子通信等安全防护关键技术，加大适应业务安全的网络与信息安全新技术的研究与核心产品自主研制。持续优化完善电网工控系统安全防护体系，加强现场网络与信息安全监测和仿真。

1）电力大数据技术应用安全保障。在数据采集与传输环节、存储环节、使用环节加强数据管理；加强电力用户数据隐私保护，重点单位专门防护。

2）电力云计算技术应用安全保障。结合电力"三朵云"（企业管理云、公共服务云、生产控制云）规划，优化电力云计算安全防护架构，开展云计算平台安全、虚拟化安全技术、云安全域管控技术等云计算安全保障技术研究及应用。

3）电力工控系统安全保障。从防护体系优化、现场监控覆盖、攻防实验仿真和管理机制完善四方面出发，加强电力工控系统安全保障。

4）电力移动互联技术应用安全保障。设计面向"互联网＋"环境下移动安全整体防护方案，从移动网络与信息安全、设备安全、数据安全和应用 APP 安全四方面开展研究。

5）互联网＋新技术新业务安全保障。加强电动汽车、终端接入网、电力金融、"水电气热"四表合一等新型业务安全保障，探索量子通信、区块链等前沿技术在网络与信息安全领域的应用研究。

2. 可视可信

利用可信技术提升网络与信息安全基础措施智能可信水平，实现网络、主机、终端、应用及数据等各环节安全威胁全景可视。

深化网络与信息安全风险监控预警平台，在公司现有安全监控措施的基础上，扩大监测广度和深度，实现网络、主机、终端、应用及数据等各环节安全威胁全景可视。利用可信技术提升网络与信息安全基础设施智能可信水平，建设跨业务、跨专业的统一全网信任体系。

（1）安全威胁可视。通过确定性分析、研判性分析及中长期分析，对网络与信息安全事件进行监测和预测，实现网络与信息安全态势"看得见、看得准、看得深"。

（2）基础设施可信。如图 3-9 所示，深化可信技术在电力信息基础设施的应用，在配电自动化、新能源发电等系统和终端推广，建立恶意代码安全免疫的智能电网安全可信业务环境。

图 3-9　深化可信技术

3. 智能防御

利用大数据分析等技术，加强监测指标可视化展示，实现安全威胁智能预防、自动发现及处置。加强电力网络与信息安全基础设施协同联动和情报收集共享，提升网络与信息安全协同防御和体系联动防御能力。

3.3　典型电力系统网络与信息安全案例

3.3.1　乌克兰电网停电事件

2015 年 12 月 23 日，乌克兰至少三个区域的电力系统遭到网络攻击，伊万诺－弗兰科夫斯克地区部分变电站的控制系统遭到破坏，造成大面积停电，电力中断 3～6h，约 140 万人受到影响。该起事故是首例由于网络攻击造成的大规模停电事故。事件原因是黑客通过欺骗配电公司员工信任、植入木马、后门连接等方式，绕过认证机制，对乌克兰境内三处变电站数据采集与监视控制系统（SCADA）发起网络攻击。

黑客采取的网络攻击手段主要有：

（1）利用电力系统漏洞植入恶意软件。黑客在 MicrosoftOffice 文档中利用宏功能中嵌入恶意软件，通过邮件将该 Office 文档发送给乌克兰电力工作人员，同时黑客对邮件的发送地址进行伪装，该宏功能被运行后设备即感染病毒。安全软件公司 ESET 已在多家电力公司设备中检测到恶意软件。

（2）发动网络攻击干扰控制系统，断开相关电力设施连接。黑客通过名为 BlackEn-ergy（黑暗力量）的恶意软件预留后门，对 SCADA、EMS 等系统进行破坏，使变电站 3 个断路器跳闸，进而导致大面积停电，并让系统无法重启，拖延电力设备的恢复工作。

（3）干扰事故后的维修工作。停电期间，黑客定时向电力维修部门拨打大量电话，呼叫中心被大量来电挤占，无法正常应答客户的停电申诉，干扰紧急抢修。

（4）在造成停电后以清除 SCADA 服务器的形式阻碍恢复工作的进行。最终，乌克兰电力工作人员在 SCADA 等系统失效情况下，只能采取盲调方式，将设备由自动模式切换到手动模式恢复系统供电。

在乌克兰配电公司发现了 BlackEnergy 恶意软件及其插件 KillDisk。BlackEnergy 自 2007 年首次被发现后一直持续更新，可通过增加插件扩展功能，并可基于攻击的意图将插件进行组合以提供必要的功能，重点攻击能源行业的工业控制系统。KillDisk 组件能够破坏电脑上的数据、删除文件，让系统无法重启。同时，BlackEnergy 通过预留 SSH 后门，使攻击者可远程控制受感染的电脑，从而对电力设备进行远程操控。电脑被感染 BlackEnergy 后，攻击者能够远程控制设备、关停电力系统、让系统无法重启，拖延电力设备的恢复工作。

3.3.2 新型"蠕虫"式勒索软件

北京时间 2017 年 5 月 12 日 20 时左右，全球爆发大规模勒索软件感染事件，英国多家医院中招，病人资料外泄；俄罗斯、意大利，整个欧洲，包括中国很多高校受损严重。该勒索软件是一个名称为"wannacry"的新家族，目前无法解密该勒索软件加密的文件。该勒索软件迅速感染全球大量主机的原因是利用了基于 445 端口传播扩散的 SMB 漏洞 MS17-010，微软在 2018 年 3 月发布了该漏洞的补丁。

针对该勒索软件，我国采取以下处置技术措施：

（1）加强网络端口防护。该蠕虫病毒主要利用 TCP 的 445 端口进行传播。为了阻断病毒快速传播，建议在边界防火墙配置阻断策略，在信息内外网核心网络设备的三层交换设备配置 ACL 规则，从网络层面阻断 TCP 445 端口的通信，同时封堵 135、137、138、139 端口。

（2）系统漏洞修复。该病毒主要利用 Windows 各版本存在的 MS17-010 远程代码执行漏洞实施攻击，目前微软公司已经发布了官方补丁，可以通过公司统一补丁服务器进行下载，也可以通过微软官方网站进行下载。

（3）查杀病毒及安全设备事件库升级。目前 360、金山、瑞星都已经升级了病毒库，可以发现并查杀 wannacry 病毒。用户应及时更新病毒特征库，进行查杀。将 IPS、IDS 等相关安全设备事件库升级至最新版本并下发相应规则。

（4）及时备份数据。为保证数据安全，防止病毒对系统数据造成影响，建议对本单位运维的信息系统进行全盘备份，并通知员工将重要的工作数据在安全 U 盘中备份。

（5）提高安全意识。为防止病毒传入公司信息网络，应加强宣贯，提高员工安全意识，要求员工不要下载和打开来历不明的文件和邮件，使用 U 盘等存储介质时先用最新的杀毒软件进行杀毒后再使用。

3.3.3 德国核电站检测出恶意程序被迫关闭

2016 年 4 月 24 日，德国 Gundremmingen 核电站的计算机系统，在常规安全检测中发现了恶意程序。核电站的操作员 RWE 为防不测，关闭了发电厂，核电站没有发生什么严重的问题。此恶意程序是在核电站负责燃料装卸系统的 BlockBIT 网络中发现的。

该恶意程序仅感染了计算机的 IT 系统，而没有涉及与核燃料交互的 ICS/SCADA 设备。此设施的角色是装载和卸下核电站 BlockB 的核燃料，随后将旧燃料转至存储池。该 IT 系统并未连接至互联网，所以应该是有人通过 USB 驱动设备意外将恶意程序带进来的，可能是从家中，或者核电站内的计算机中。调查表明，与此前伊朗核电站的震网病毒不同，此次德国核电站检测到的病毒不是为核电站设计的，而是一款普通的病毒。本次恶意程序感染并非特别针对这家核电站系统的攻击，这只是普通感染，可能是被某人连接存储设备至系统后感染的。这暴露出当前系统的主要问题是：关键的基础设施和其他连接至互联网的系统一样脆弱。我们曾经看过到冶炼高炉被恶意程序攻击后被毁的例子，那是名为 Stuxnet 的恶意程序，专门设计用于破坏核浓缩设置。操作员和管理人员需要理解，这是一个每天有超过 31 万种新恶意程序出现的时代，其中有一些可能出乎人们的意料，能够破坏系统。对于这样的情况，尤其是那些有目的的直接攻击，都需要有所防范。恶意软件的威胁不仅存在于联网环境中，也会存在于断网的系统中，任何有数据交换的环节都可能成为传染渠道。即使在一个具有"全面病毒保护和先进安全管理"的环境下病毒仍能轻易传播。目前为止，针对核电站和工控系统的网络攻击可能是黑客所能造成的灾难中后果最为严重的，此前针对伊朗核电站的震网病毒是宣传最广泛的针对此类设施的病毒。但这次的事件显示，核电站等关键基础设施所受到的威胁不只类似震网病毒这样的针对性攻击，还可能是大量更为常见且种类繁多的病毒。

3.3.4　雅虎公司发生最大规模数据泄露事件

2016 年 9 月 22 日，全球互联网商业巨头雅虎公司证实至少 5 亿用户的帐户信息在 2014 年遭人窃取，内容涉及用户姓名、电子邮箱、电话号码、出生日期和部分登录密码，并建议所有雅虎用户及时更改密码。2016 年 12 月 14 日，雅虎公司再次发布声明，宣布又一起信息泄露事件。雅虎公司首席信息安全官鲍勃·洛德在雅虎官网上发布了"关于雅虎用户的重要安全信息"。他表示，这次信息失窃事件发生在 2013 年 8 月，未经授权的第三方盗取了超过 10 亿用户的帐户信息，雅虎"无法辨认与这次失窃有关的帐户侵入"。这一系列泄露事件使得其被美国电信运营商威瑞森（Verizon）以 48 亿美元收购的计划暂时搁置。雅虎公司失窃的用户信息可能包括用户名、电子邮件、电话号码、出生日期、安全问题和答案以及用 MD5 加密过的口令。雅虎公司正在通知可能受影响的用户，并采取措施保护他们的帐户，包括要求用户更改口令。雅虎公司还禁止了未加密的安全问题和答案，以防止其被用来非法访问用户帐户。2013 年和 2014 年这两起黑客袭击事件有着相似之处，即黑客从用户密码下手。虽然雅虎利用技术手段对用户密码设置了两道防线，但黑客将防线编程序列进行重组，从而将其一一攻破并窃得密码。

雅虎公司信息泄露事件是有史以来规模最大的单一网站信息泄漏事件，一经爆出立刻引发轩然大波，对公司的价值和运营产生重大影响。数字经济时代，互联网商业巨头的海量用户数据具有重要的商业价值，既是互联网商业公司最为核心的资产，也成为民间黑客甚至国家行为体网络攻击的重要对象，加强大型商业网站用户数据保护成为网络空间安全的核心任务。

3.3.5　美国遭遇大规模 DDoS 攻击事件

2016 年 10 月 22 日凌晨，美国域名服务器管理服务供应商 Dyn 宣布，该公司遭遇 DDoS（分布式拒绝服务）攻击，导致大量用户无法访问类似于推特、Spotify、Etsy、Netfilx 和代码管理服务 GitHub 等知名网站，整个时间持续超过 2 个小时，影响范围覆盖美国东部和部分欧洲地区。据调查，针对 IoT 设备的 Mirai 恶意程序发起的僵尸网络攻击或许是本次 DDoS 攻击的重要来源，据称有超过百万台物联网设备参与了此次 DDoS 攻击。其中，这些设备中有大量的 DVR（数字录像机，一般用来记录监控录像，用户可联网查看）和网络摄像头（通过 WiFi 来联网，用户可以使用 APP 实时查看的摄像头）。值得注意的是，中国两家物联网智能摄像头厂商——中国大华公司和中国雄迈科技成为国外安全界的抨击对象，安全专家们认为两家公司生产的智能网络摄像头的安全性不高，甚至采用默认密码而且用户无法修改，极易遭到僵尸网络劫持。

本次 DDoS 攻击利用恶意程序劫持海量物联网设备资源，进而反向攻击互联网关键信息基础设施——域名系统，攻击模式具有典型性，影响也十分重大。在万物互联的时代，物联网设备广泛分布并通过互联网相互连接，成为网络空间与物理世界风险传导的关键阀门。未来随着物联网的进一步普及，家用智能设备可能都可以参与攻击，规模也只会越来越大。此次事件为全球物联网设备安全敲响了警钟。

第4章

网络与信息安全技术

技术对网络与信息安全的规划是非常重要，对应用功能而言，技术控制是必不可少的。网络和计算机系统每秒都要做出上百万次的决策，以人力不能实时控制的方式和速度运行。如果能正确实施技术控制，则可以提高机构平衡常见冲突问题的能力，使信息更容易从更广泛的渠道获得，同时提高信息的机密性和完整性。本章介绍常见的技术控制方案和基础技术理论，帮助读者掌握相关技术的安全配置和维护知识。

4.1 网络系统安全

4.1.1 纵深防御概念

纵深防御的概念源自战争学：是一种军事战略，是以全面深入的防御去延迟前进中的敌人，透过放弃空间来换取时间与给予敌人额外的伤亡。

纵深防御的军事战略完全适用安全管理学，通过设置多层重叠的安全防护系统而构成多道防线，使得即使某一防线失效也能被其他防线弥补或纠正，即通过增加系统的防御屏障或将各层之间的漏洞错开的方式防范差错发生。各层防线的审记日志也为事后漏洞分析、证据采集和加固方案换来更多可靠的依据。

4.1.2 网络系统安全技术

4.1.2.1 IP访问控制技术（ACL）

由于构成 Internet 的 TCP/IP 协议缺乏安全性，网络与信息安全成为网管人员必须认真考虑的问题。网络与信息安全的第一道防线一般就在边界路由器或边界防火墙。就成本而言，并不是所有单位都在边界部署了防火墙，但肯定有边界路由器/边界交换机，所以在保障网络边界安全方面，访问控制列表（Access Control List，ACL）可以说是最先与安全威胁进行交火的生力军。

ACL 是对通过网络接口进入网络内部的数据包进行控制的机制，分为标准 ACL（Standard ACL）和扩展 ACL（Extended ACL）两种。标准 ACL 只对数据包的源地址进行检查；扩展 ACL 对数据包中的源地址、目的地址、协议以及端口号进行检查。作为一种应用在路由器接口的指令列表，ACL 已经在一些核心路由交换机和边界交换机上得到应用，从原来的网络层技术扩展为端口限速、端口过滤、端口绑定等二层技术，实现对网络各层面的有效控制。

访问控制列表从概念上来讲并不复杂，复杂的是对它的配置和使用，许多初学者往往在使用访问控制列表时出现错误。本书仅简单地演示 ACL 的基本使用，如果需要深入学习，可以阅读相关品牌产品的使用指南。

4.1.2.2 包过滤技术

包过滤（Packet Filtering）技术是网络设备在其端口查看所流经的数据包的包头（header），由此决定整个包的命运。它可能会决定丢弃（DROP）这个包，可能会接受（ACCEPT）这个包（让这个包通过），也可能执行其他更复杂的动作，不过最常用的依然是查看包头以决定包的去留。

包过滤是防火墙最基本的功能，防火墙具备保护整个网络、高效快速并且透明等优点，同时也有定义复杂、消耗 CPU 资源、不能彻底防止地址欺骗、涵盖应用协议不全、无法执行特殊的安全策略并且不提供日志等局限性。

包过滤防火墙将对每一个接收到的包做出允许或拒绝的决定。具体地讲，它针对每一个数据包的包头，按照包过滤规则进行判定，与规则相匹配的包依据路由信息继续转发，否则就丢弃。包过滤是在 IP 层实现的，根据数据包的源 IP 地址、目的 IP 地址、协议类型（TCP 包、UDP 包、ICMP 包）、源端口、目的端口等包头信息及数据包传输方向等信息来判断是否允许数据包通过。包过滤也包括与服务相关的过滤，这是指基于特定的服务进行包过滤。由于绝大多数服务的监听都驻留在特定 TCP/UDP 端口，因此，为阻断所有进入特定服务的链接，防火墙只需将所有包含特定 TCP/UDP 目的端口的包丢弃即可。

在 TCP/IP 中，存在着一些标准的服务端口号，如 HTTP 的端口号为 80。通过屏蔽特定的端口可以禁止特定的服务。包过滤技术可以阻塞安全域内部主机和外部主机或另外一个网络之间的连接。例如，可以阻塞一些被视为是有敌意的或不可信的主机或网络连接到安全域内部网络中。

4.1.2.2.1 包过滤的过程

（1）包过滤规则必须被包过滤设备端口存储起来。

（2）当包到达端口时，对包报头进行语法分析。大多数包过滤设备只检查 IP、TCP 或 UDP 报头中的字段。

（3）包过滤规则以特殊的方式存储。应用于包的规则的顺序与包过滤器规则存储顺序必须相同。

（4）若一条规则阻止包传输或接收，则此包便不被允许。

（5）若一条规则允许包传输或接收，则此包便可以被继续处理。

（6）若包不满足任何一条规则，则此包便被阻塞。

4.1.2.2.2 技术优点

（1）对于一个小型的、不太复杂的站点，包过滤比较容易实现。

（2）因为过滤路由器工作在 IP 层和 TCP 层，所以处理包的速度比代理服务器快。

（3）过滤路由器为用户提供了一种透明的服务，用户不需要改变客户端的任何应用程序，也不需要用户学习任何新的东西。因为过滤路由器工作在 IP 层和 TCP 层，而 IP 层和 TCP 层与应用层的问题毫不相关。所以，过滤路由器有时也被称为"包过滤网关"或"透明网关"。之所被称为网关，是因为包过滤路由器和传统路由器不同，它涉及了传输层。

（4）过滤路由器的价格一般比代理服务器便宜。

4.1.2.2.3　技术缺点

（1）一些包过滤网关不支持有效的用户认证。

（2）规则表很快会变得很大而且复杂，规则很难测试。随着表的增大和复杂性的增加，规则结构出现漏洞的可能性也会增加。

（3）这种防火墙最大的缺陷是它依赖一个单一的部件来保护系统。如果这个部件出现了问题，会使得网络大门敞开，而用户可能还不知道已失去防护。

（4）在一般情况下，如果外部用户被允许访问内部主机，则它就可以访问内部网上的任何主机。

（5）包过滤防火墙只能阻止一种类型的 IP 欺骗，即外部主机伪装内部主机的 IP，对于外部主机伪装外部主机的 IP 欺骗却不可能阻止，而且它不能防止 DNS 欺骗。

4.1.2.3　MAC 地址绑定

虽然在 TCP/IP 网络中，计算机往往需要设置 IP 地址后才能通信，然而，实际上计算机之间的通信并不是通过 IP 地址，而是借助于网卡的 MAC 地址。IP 地址只是被用于查询欲通信的目的计算机的 MAC 地址。

ARP 协议是用来向对方的计算机、网络设备通知自己 IP 对应的 MAC 地址的。在计算机的 ARP 缓存中包含一个或多个表，用于存储 IP 地址及其经过解析的以太网 MAC 地址。一台计算机与另一台 IP 地址的计算机通信后，在 ARP 缓存中会保留相应的 MAC 地址。所以，下次和同一个 IP 地址的计算机通信，将不再查询 MAC 地址，而是直接引用缓存中的 MAC 地址。

在交换式网络中，交换机也维护一张 MAC 地址表，并根据 MAC 地址，将数据发送至目的计算机。

IP 地址的修改非常容易，而 MAC 地址存储在网卡的 EEPROM 中，而且网卡的 MAC 地址是唯一确定的。因此，为了防止内部人员进行非法 IP 盗用（例如盗用权限更高人员的 IP 地址，以获得权限外的信息），可以将内部网络的 IP 地址与 MAC 地址绑定，盗用者即使修改了 IP 地址，也因 MAC 地址不匹配而盗用失败；而且由于网卡 MAC 地址的唯一确定性，可以根据 MAC 地址查出使用该 MAC 地址的网卡，进而查出非法盗用者。

因此绑定 IP 与 MAC 地址也相当于实名制，在帮助解决网络与信息安全问题以及溯源时有着非常好的取证作用。

4.1.2.4　非军事区（DMZ）

DMZ（Demilitarized Zone）即俗称的隔离区或非军事区，与军事区和信任区相对应，作用是把 WEB、Mail、FTP 等允许外部访问的服务器单独接在该区端口，使整个需要保护的内部网络接在信任区端口后，不允许任何外部访问，实现内外部网分离，达到用户需求。DMZ 可以理解为一个不同于外部网络或内部网络的特殊网络区域，DMZ 内通常放置一些不含机密信息的公用服务器，比如 Web、Mail、FTP 等。这样来自外部网络的访问者可以访问 DMZ 中的服务，但不可能接触到存放在内部网络中的公司机密或私人信息等。即使 DMZ 中服务器受到破坏，也不会对内部网络中的机密信息造成影响。

这样一个 DMZ 区域，可以更加有效地保护内部网络。因为这种网络部署，比起一般的防火墙方案，对攻击者来说又多了一道关卡。

当规划一个拥有 DMZ 的网络的时候，可以明确各个网络之间的访问关系，确定以下六条访问控制策略。

（1）内部网络可以访问外部网络。内部网络的用户显然需要自由地访问外部网络。

（2）内部网络可以访问 DMZ。此策略是为了方便内部用户使用和管理 DMZ 中的服务器。

（3）外部网络不能访问内部网络。很显然，内部网络中存放的是公司内部数据，这些数据不允许外部用户进行访问。

（4）外部网络可以访问 DMZ。DMZ 中的服务器本身就是要给外界提供服务的，所以外部网络必须可以访问 DMZ。有的时候，外部网络访问 DMZ 需要由防火墙完成对外地址的过滤和到服务器实际地址的转换。

（5）DMZ 不能访问内部网络。很明显，如果违背此策略，则当入侵者攻陷 DMZ 时，就可以进一步进攻到内部网络并掌握重要数据。

（6）DMZ 不能访问外部网络。此条策略也有例外，比如 DMZ 中放置邮件服务器时，就需要访问外部网络，否则将不能正常工作。

4.2 操作系统安全

4.2.1 操作系统安全概述

4.2.1.1 操作系统安全防范

操作系统是管理整个计算机硬件与软件资源的程序，是网络系统的基础，是保证整个互联网实现信息资源传递和共享的关键。操作系统的安全性在网络与信息安全中举足轻重。一个安全的操作系统能够保障计算资源使用的机密性、完整性和可用性，可以对数据库、应用软件、网络系统等提供全方位的保护。没有操作系统的安全，根本谈不上网络系统的安全，更不可能有应用软件信息处理的安全性。因此，操作系统的安全是整个信息系统安全的基础。

目前的操作系统安全主要包括系统本身的安全、物理安全、逻辑安全、应用安全以及管理安全等。

4.2.1.2 操作系统安全机制

任何操作系统都有一套规范的、可扩展的安全机制。操作系统共同拥有的安全机制包括身份认证机制、访问控制机制、数据加密机制以及安全审计机制等。

（1）身份认证机制：证明某人或某个对象身份的过程，是保证系统安全的重要措施。

（2）访问控制机制：计算机安全领域一项传统的技术，其基本任务就是防止非法用户进入系统及合法用户对系统资源的非法使用。

（3）数据加密机制：为防范入侵者通过物理途径读取磁盘信息，绕过系统文件访问控制机制，而开发的文件加密系统。

（4）安全审计机制：审计是为系统进行事故原因的查询、定位，事故发生前的预测、报警，事故之后的实时处理提供详细、可靠的依据支持。

下面对常用的两大操作系统 Windows 和 Linux 的安全机制进行具体说明。

4.2.2　Windows 安全机制

4.2.2.1　Windows 认证机制

以 Windows server 2012 为例，系统提供两种基本认证类型，即本地认证和网络认证。其中，本地认证是根据用户的本地计算机或 Active Directory 帐号确认用户的身份；而网络认证是根据此用户试图访问的任何网络服务确认用户的身份。为提供这种类型的身份验证，Windows server 2012 安全系统集成了 3 种不同的身份验证技术，Kerberos V5、公钥证书和 NTLM。

4.2.2.2　Windows 访问控制机制

Windows 安全性达到了橘皮书 C2 级，实现了用户级自主访问控制。Windows 的访问控制策略是基于自主访问控制的，根据对用户进行授权，来决定用户可以访问哪些资源以及对这些资源的访问能力，以保证资源的合法、受控地使用。基本上，Windows 的访问控制策略是完善的、方便的、先进的。可以保证没有特定权限的用户不能访问任何资源，而同时这些安全性的运行又是透明的。既可防止未授权用户的闯入，也可防止授权用户做其不该做的事情，从而保证了整个网络系统高效、安全地正常运行。Windows 访问控制由两个实体管理，即与每个进程相关联的访问令牌和与每个对象相关联的安全描述符。

4.2.2.3　Windows 文件加密系统

为了防范入侵者通过物理途径读取磁盘信息，绕过 Windows 系统文件访问控制机制，微软公司研究开发了加密的文件系统 EFS。利用 EFS，文件中的数据在磁盘上是加密的。用户如果访问加密的文件，则必须拥有这个文件的密钥才能够打开这个文件，并且像普通文档一样透明地使用它。

4.2.2.4　Windows 审计日志机制

日志文件是 Windows 系统中一个比较特殊的文件，它记录 Windows 系统运行状况，如各种系统服务的启动、运行和关闭等信息。Windows 日志有三种类型，即系统日志、应用程序日志和安全日志，它们对应的文件名为 SysEvent、AppEvent 和 iec-Event。这些日志文件通常存放在操作系统安装的区域"system32 \ config"目录下，可以通过打开"控制面板"-"管理工具"-"事件查看器"来浏览其中内容。

4.2.2.5　Windows 协议过滤和防火墙

针对来自网络上的威胁，Windows 提供了包过滤机制，通过过滤机制可以限制网络包进入到用户计算机。而 WindowsXP 及之后版本则自带了防火墙，该防火墙能够监控和限制用户计算机的网络通信。

4.2.3　Windows 安全加固

Windows 安全加固是指在对系统面临的威胁和存在的脆弱性进行识别的基础上，对系统进行安全配置或漏洞修补，提高 Windows 系统自身安全性的过程。本节将从帐号权限、访问控制、审计策略、漏洞等方面对 Windows 操作系统进行加固。

4.2.3.1 帐号权限加固

帐号权限加固是以最小权限原则对操作系统用户、用户组进行权限设置,删除系统多余用户,确保系统帐号口令长度和复杂度满足安全要求。加固方法如下:

(1) 合理配置应用帐号或用户自建帐号权限。

(2) 删除系统中多余的自建帐号。

(3) 修改帐号口令,确保系统帐号口令长度和复杂度满足安全要求。

(4) 更改系统管理员帐户。

(5) 停用 Guest 帐户。

4.2.3.2 网络服务加固

网络服务加固包含关闭系统中不安全的服务,确保操作系统只开启承载业务所必需的网络服务和网络端口。加固方法如下:

(1) 在不影响业务系统正常运行情况下,停止或禁用与承载业务无关的服务。

(2) 屏蔽承载业务无关的网络端口。

4.2.3.3 数据访问控制加固

数据访问控制加固合理设置系统中重要文件的访问权限,只授予必要的用户必需的访问权限。加固方法如下:

(1) 将系统重要的文件或目录的访问权限修改为管理员完全控制、数据拥有者完全控制或配置特殊权限,避免 EVERYONE 完全控制。

(2) 将系统分区 FAT32 格式转换为 NTFS 格式。

4.2.3.4 网络访问控制加固

网络访问控制加固是指远程控制要有安全机制保证,限制能够访问本机的用户或 IP 地址。加固方法如下:

(1) 关闭多余的远程管理方式。

(2) 安装远程管理服务程序的补丁或者使用安全的远程管理方式。

(3) 设置访问控制策略,限制能够访问本机的用户或 IP 地址。

(4) 禁止匿名用户枚举 SAM 帐户和共享。

(5) 禁止默认共享(IPC＄、C＄、D＄…)。

4.2.3.5 口令策略加固

口令策略加固是对操作系统设置口令策略,设置口令复杂性要求,为用户设置强壮的口令。加固方法如下:

(1) 设置口令长度,重要系统的用户口令长度大于 8 位,一般系统的用户口令长度大于 6 位。

(2) 开启口令复杂性要求。

(3) 设置口令最短、最长存留期。

4.2.3.6 用户鉴别加固

用户鉴别加固包含配置操作系统用户鉴别失败阈值及达到阈值所采取的措施,设置操作系统用户交互登录失败、管理控制台自锁，设置系统超时自动注销功能。加固方法如下：

（1）配置帐户登录失败次数、锁定时间。

（2）禁止系统自动登录。

（3）配置管理控制台超时自动锁定时间，设置屏保口令保护。

4.2.3.7 审计策略加固

审计策略加固是配置操作系统的安全审计功能，确保系统在发生安全事件时有日志可供分析。加固方法如下：

（1）配置系统审核策略，配置审核登录事件、审核帐户登录事件、审核帐户管理、审核策略管理、审核系统事件等。

（2）对审计产生的数据分配合理的存储空间和存储时间。

4.2.3.8 漏洞加固

漏洞加固是安装系统安全补丁程序，对扫描或手工检查发现的系统漏洞进行修补。加固方法如下：

（1）安装系统安全补丁。

（2）关闭存在漏洞的与承载业务无关的服务。

4.2.3.9 恶意代码防范

恶意代码防范是指配置防病毒软件的防病毒策略，强化系统相关安全配置。加固方法如下：

（1）配置病毒库升级策略。

（2）配置病毒查杀策略。

（3）强化 TCP/IP 堆栈，防止拒绝服务攻击。

4.2.4 Linux 安全机制

4.2.4.1 Linux 认证机制

认证是 Linux 系统中的第一道关卡，用户在进入系统之前，首先经过认证系统识别身份，然后再由系统授权访问系统资源。目前，Linux 常用的认证方式有如下四种：

（1）基于口令的认证方式：Linux 最常用的一种技术，用户只要给系统提供正确的用户名和口令就可以进入系统。

（2）终端认证方式：一个限制超级用户从远程登录的终端认证方式。

（3）主机信任机制：Linux 系统提供一个不同主机之间相互信任的机制，使得不同主机用户之间无需系统认证就可以登录。

（4）第三方认证：是指非 Unix/Linux 系统自身带有的认证机制，而是由第三方提供的认证。Linux 系统支持第三方认证，例如一次一密口令认证 S/Key、Kerberos 认证系统、插件身份认证 PAM（Pluggable Authentication Modules）。

4.2.4.2 Linux 访问控制机制

普通的 Unix/Linux 系统一般通过文件访问控制表 ACL 来实现系统资源的控制，也就是常说的"9bit"来实现。例如，某个文件的列表显示信息如下：

-rwxr-xr-1test test　15：10test.txt

由这些信息看出，用户 test 对文件 test.txt 的访问权限有"读、写、执行"，而 test 这个组的其他用户只有"读、执行"权限，除此以外，其他用户只有"读"权限。

4.2.4.3　加密文件系统

加密文件系统就是将加密服务引入文件系统，从而提高计算机系统的安全性。有太多的理由需要加密文件系统，如防止硬盘被偷窃、防止未经授权的访问等。

目前 Linux 已有多种加密文件系统，如 CFS、TCFS、CRYPTFS 等，较有代表性的是 TCFS（Transparent Cryptographic File System）。它通过将加密服务和文件系统紧密集成，使用户感觉不到文件的加密过程。TCFS 不修改文件系统的数据结构，备份与修复以及用户访问保密文件的语义也不变。

4.2.4.4　Linux 日志审计

审计机制也是 Linux 系统安全的重要组成部分，审计有助于系统管理员及时发现系统入侵行为或潜在的系统安全隐患。不同版本的 Linux 日志文件的目录是不同的，早期版本 Unix 的审计日志目录放在 /usr/adm 下，较新版本 Unix 的审计日志目录在 /var/adm 下，Solaris、Linux 和 BSD 的审计日志目录在 Unix/var/log 下。

4.2.4.5　入侵检测系统

入侵检测技术是一项相对比较新的技术，很少有操作系统安装了入侵检测工具，标准的 Linux 发布版本也是最近才配备了这种工具。尽管入侵检测系统的历史很短，但发展却很快，目前比较流行的入侵检测系统有 Snort、Portsentry、Lids 等。利用 Linux 配备的工具和从因特网下载的工具，就可以使 Linux 具备高级的入侵检测能力，这些能力包括：记录入侵企图，当攻击发生时及时通知管理员；在规定情况的攻击发生时，采取事先规定的措施；发送一些错误信息，比如伪装成其他操作系统，这样攻击者会认为他们正在攻击一个 Windows NT 或 Solaris 系统。

4.2.5　Linux 安全加固

Linux 是一个开放式系统，可以在网络上找到许多现成的程序和工具。这既方便了用户，也方便了黑客，他们也能很容易地找到程序和工具来潜入 Linux 系统，或者盗取 Linux 系统上的重要信息。因此，必须对 Linux 进行必要的安全加固。

本节将从帐号权限、网络服务、访问控制、用户鉴别、策略（口令、审计）、漏洞等方面对 Linux 操作系统进行加固。

4.2.5.1　帐号权限加固

帐号权限加固是对操作系统用户、用户组进行权限设置，应用系统用户和系统普通用户权限的定义遵循最小权限原则，删除系统多余用户，避免使用弱口令。加固方法如下：

（1）合理配置应用帐号或用户自建帐号权限。

（2）删除系统中多余的自建帐号。

（3）修改帐号口令，确保系统帐号口令长度和复杂度满足安全要求。

（4）禁用或删除非 root 的超级用户。

（5）禁止系统伪帐户登录。

（6）限制能够从一般用户切换为 root 的用户。

4.2.5.2　网络服务加固

网络服务加固主要指关闭系统中不安全的服务，确保操作系统只开启承载业务所必需的网络服务和网络端口。加固方法如下：

（1）在不影响业务系统正常运行情况下，停止或禁用与承载业务无关的服务。

（2）屏蔽与承载业务无关的网络端口。

4.2.5.3　数据访问控制加固

数据访问控制加固是合理设置系统中重要文件的访问权限，只授予必要的用户必需的访问权限。加固方法如下：

（1）配置系统重要文件的访问控制策略，严格限制访问权限（如读、写、执行），避免被普通用户修改和删除。

（2）设置合理的初始文件权限。

4.2.5.4　网络访问控制加固

网络访问控制加固是指远程控制要有安全机制保证，限制能够访问本机的用户或 IP 地址。加固方法如下：

（1）关闭多余的远程管理方式。

（2）使用安全的远程管理方式。

（3）设置访问控制策略，限制能够访问本机的用户或 IP 地址。

（4）禁止 root 用户远程登录。

（5）在主机信任关系配置文件中，删除远程信任主机。

（6）屏蔽登录 banner 信息。

4.2.5.5　口令策略加固

口令策略加固包含对操作系统设置口令策略，设置口令复杂性要求，为所有用户设置强壮的口令。加固方法如下：

（1）开启口令复杂性要求，设置口令长度，重要系统的用户口令长度大于 8 位；一般系统的用户口令长度大于 6 位。

（2）开启口令复杂性要求。

4.2.5.6　用户鉴别加固

用户鉴别加固包含配置操作系统用户鉴别失败阀值及达到阀值所采取的措施，设置操作系统用户交互登录失败、管理控制台自锁，设置系统超时自动注销功能。加固方法如下：

（1）设置帐户登录失败次数、锁定时间。

（2）修改帐户 TMOUT 值，设置自动注销时间。

4.2.5.7　审计策略加固

审计策略加固包含配置操作系统的日志功能，使系统对用户登录、系统管理行为、入侵攻击行为等重要事件进行审计，确保系统在发生安全事件时有日志可供分析。加固方法如下：

（1）配置系统日志策略配置文件，使系统对鉴权事件、登录事件、重要的系统管理、系统软硬件故障等进行审计。

（2）对审计产生的数据分配合理的存储空间和存储时间。

（3）设置合适的日志配置文件的访问控制，避免被普通用户修改和删除。

4.2.5.8　漏洞加固

安装系统安全补丁程序，对扫描或手工检查发现的系统漏洞进行修补。加固方法如下：

（1）关闭存在漏洞的与承载业务无关的服务。

（2）安装系统安全补丁。

（3）通过访问控制限制对漏洞程序的访问。

4.3　数据库安全

4.3.1　数据库防护技术

数据库作为非常重要的存储工具，里面往往会存放着大量有价值的或敏感的信息，这些信息包括金融财政、知识产权、企业数据等方方面面的内容。因此，数据库往往会成为黑客们的主要攻击对象。网络黑客们会利用各种途径来获取他们想要的信息，因此，保证数据库安全变得尤为重要。

本节将介绍常用的数据库攻击手段，并针对 Oracle、SQL Server 以及 MySQL 三种常用数据库详细介绍其加固防护措施。

4.3.2　数据库攻击手段

针对数据库系统的攻击方法很多，主要目的是破坏数据的保密性、完整性和可用性。这些攻击目标有的直接是数据库系统，有的是数据库所在的网络或者操作系统。

4.3.2.1　SQL 注入攻击

SQL 注入攻击是一种很简单的攻击，在页面表单里输入信息，悄悄地加入一些特殊代码，诱使应用程序在数据库里执行这些代码，并返回一些程序员没有料到的结果。例如，有一份用户登录表格，要求输入用户名和密码才能登录，假设在用户名这一栏输入以下代码：

```
cyw');select username, password from all_users;--
```

如果数据库程序员没有聪明到能够检查出类似的信息并"清洗"掉这些代码，该代码将在远程数据库系统执行，然后这些关于所有用户名和密码的敏感数据就会返回到输入者的浏览器。

4.3.2.2　口令入侵

以前的 Oracle 数据库有一个默认用户名 Scott，以及默认的口令 tiger，而微软的 SQL Server 的系统管理员帐号的默认口令也是众所周知。当然这些默认的登录对于黑客来说尤其方便，借此他们可以轻松地进入数据库。主要的数据库厂商在其新版本的产品中已不再让用户保持默认的和空的用户名及口令等。但即使是唯一的、非默认的数据库口令也是不安全的，通过弱口令猜测或使用口令破解工具强力破解，都可以轻易得到数据库口令。

4.3.2.3 权限提升攻击

一些内部人员攻击的方法可以导致恶意的用户占有超过其应该具有的系统权限，外部的攻击者有时也通过破坏操作系统而获得更高级别的权限。权限提升通常更多地与错误的配置有关：一个用户被错误地授予了超过其实际需要用来完成工作的、对数据库及其相关应用程序的访问和权限。简单而言，"权限提升"是指使用现有的低权限帐户，利用巧取、偷窃或非法的方式获取更高的权限，甚至是数据库管理员的权限。

例如在 Oracle 中，存储过程有能够执行过程调用者的特权，或者有能够执行过程定义者的特权。如果过程定义者是具有高级特权的帐号，并且过程包含 SQL 注入漏洞，那么攻击者就能够利用这个漏洞，以更高级的特权去执行声明。

4.3.2.4 缓冲区溢出攻击

缓冲区溢出简单说，是大的数据存入了小缓冲区，又不对存入数据进行边界判断，最终导致小缓冲区被撑爆。缓冲区溢出主要可以分成静态数据溢出、栈溢出和堆溢出三种。

数据库系统的某些函数存在缓冲区溢出漏洞，连接到数据库的用户可以利用这些漏洞进行攻击，获取系统的所有权限，进而获取数据库系统的所有权限。这类漏洞非常多，如 Oracle 数据库中已经被发现的缓冲区溢出漏洞就有数十个。

4.3.2.5 利用设计错误的攻击

数据库的设计并非是安全的，攻击者经常利用一些设计错误或者配置错误进行攻击。例如，向 Sql server 的 1434 端口的 SQL Monitor 服务发送一个单字节的 UDP 查询数据包来查询数据库信息，但如果数据包的值不是预期的 0x02 字符，就可能发生严重的问题。如果向一个未打过补丁的服务器依次发送从 0x00 到 0xFF 的每一个值，SQL Server 会在发送 0x08 字符后停止对任何请求的响应。显然预料外的输入没有得到适当处理，实践证明会引起异常状态的包括以下值：0x04 字符，允许栈溢出发生；0x08 字符，会导致堆溢出；0x0A 字符，会引发网络拒绝服务。

4.3.2.6 存储过程滥用

数据库系统内置了很多的系统调用函数，可以执行系统的操作。攻击者利用这类系统存储过程，不仅可以对数据库进行操作，还可以进行操作系统级的攻击操作。例如，注册表存储过程能够读出操作系统管理员的密码。

4.3.3 Oracle 数据库加固

在众多数据库系统中，Oracle 数据库以其优异的性能、高效的处理速度、极高的安全级别等优点，被许多大公司所使用。虽然 Oracle 数据库系统有着极高的安全级别，但依然存在被破坏的可能。本节将从帐号权限、访问控制（数据、网络）、服务、策略（口令，审计）、漏洞、通信、数据库备份等方面介绍 Oracle 数据库的加固措施。

4.3.3.1 帐号权限加固

帐号权限加固是以最小权限原则为每个帐号分配其必需的角色、系统权限、对象权限和语句权限，删除系统多余用户，避免使用弱密码。加固方法如下：

（1）限制应用用户在数据库中的权限，尽量保证最小化，避免授予 DBA 权限。

（2）将 Oracle 用户设置为 DBA 组的成员。

（3）撤销 public 角色的程序包执行权限。

（4）修改所有系统帐户的默认口令（特别是管理员角色类帐户），锁定所有不需要的用户。

（5）删除系统中多余的自建帐号。

（6）为所有应用用户配置强口令。

4.3.3.2　数据访问控制加固

数据访问控制加固是对数据库系统重要文件的访问权限进行配置，只授予必要的用户必需的访问权限。加固方法如下：

（1）严格限制库文件的访问权限，保证除属主和 root 外，其他用户对库文件没有写权限。

（2）设置 $ORACLE_HOME/bin 其下所有程序的访问权限或其他安全控制机制。

4.3.3.3　服务加固

服务加固包含删除默认安装时装载的示例数据库，确保数据库系统中只安装、运行完成系统各个业务所必需的程序、文件、模块、服务和访问规则；确保数据库系统中只存在业务当前在用的数据库、表、视图。加固方法如下：

（1）在不影响业务系统正常运行情况下，停止或禁用与承载业务无关的服务或组件。

（2）删除数据库中存在的无用的、测试的、废弃的数据库、表、视图。

4.3.3.4　网络访问控制加固

网络访问控制加固是为数据库建立基于口令、地址、端口等的会话建立拒绝机制，只允许相关应用服务器的 IP 地址直接访问数据库。加固方法如下：

（1）设置 TNS 登录的 IP 限制，仅允许最少的必要的 IP 地址可连接 TNS 监听器。

（2）关闭远程操作系统认证。

（3）在不影响应用的前提下，更改默认的 1521 端口。

（4）限制对监听器的远程管理，并设置监听器管理口令。

4.3.3.5　口令策略加固

口令策略加固是指设置数据库的口令策略，设置口令复杂度，并更改数据库默认帐号的默认口令。加固方法如下：

（1）设置口令复杂度要求。

（2）设置口令使用期限，要求到期后自动更改。

（3）设置策略，对口令尝试次数进行限制。

4.3.3.6　审计策略加固

审计策略加固是配置数据库审计功能，使系统能记录安全事件的审计信息，防止审计数据被非法删除、修改。加固方法如下：

（1）启用相应的审计功能，配置审核策略，使系统能够审核数据库管理和安全相关操作的信息。

（2）配置日志策略，确保数据库的归档日志文件、在线日志文件、网络日志、跟踪文件、警告日志记录功能是否启用并且有效实施。

（3）配置日志管理策略，保证日志存放地点的安全可靠。

4.3.3.7 漏洞加固

安装系统安全补丁，对扫描或手工检查发现的系统漏洞进行修补。

4.3.3.8 通信安全加固

通信安全加固是启用数据库的通信加密功能，保证与数据库系统通信的数据在网络传输过程中的安全。加固方法是利用 Oracle AdvancedSecurity 在客户端、数据库和应用服务器之间加密网络通信。

4.3.3.9 数据库备份

数据库备份的目的是为了在出现故障后能够以尽可能小的时间和代价恢复系统。Oracle 数据库备份方案主要分为冷备份、热备份和 Export 导出数据库对象。数据库管理员应制定合理的备份计划，定期对数据库进行备份。

4.3.4 SQL Server 数据库加固

微软公司的 SQL Server 是目前应用比较广泛的数据库，很多网站、企业信息化平台、ERP 系统都是基于 SQL Server。本节将从帐号口令、访问控制、安全升级等方面介绍 SQL Server 数据库的加固措施。

4.3.4.1 帐号权限加固

帐号权限加固是以最小权限原则为每个帐号分配其必需的角色、系统权限、对象权限和语句权限，删除系统多余用户，避免使用弱密码。加固方法如下：

（1）在操作系统用户中删除或禁用调试帐号。

（2）在不影响应用的前提下，将 public 用户的权限设为空。

（3）将用户汇集到 SQL Server 角色或 Windows 组中。

（4）合理配置应用帐号或用户自建帐号权限。

（5）删除系统中多余的自建帐号。

（6）为所有用户设置强口令。

4.3.4.2 数据访问控制加固

数据访问控制加固是对数据库系统重要文件的访问权限进行配置，只授予必要的用户必需的访问权限。加固方法如下：

（1）严格限制数据文件、数据表权限，保证除属主和超级管理员外，其他用户对数据文件、数据表没有读写权限。

（2）严禁使用系统管理员帐号启动并运行数据库系统。

（3）限制 xp_cmdshell 的执行权限，禁止非 sysadmin 角色的成员执行。

4.3.4.3　服务加固

服务加固主要指删除默认安装时装载的示例数据库，确保数据库系统中只安装、运行完成系统各个业务所必需的程序、服务、数据库。加固方法如下：

（1）在不影响业务系统正常运行情况下，停止或禁用与承载业务无关的服务。

（2）删除数据库安装时默认生成的示例数据库。

4.3.4.4　网络访问控制加固

网络访问控制加固包含删除多余的网络连接协议，更改默认的通信端口。加固方法如下：

（1）在不影响应用的前提下，删除命名管道等应用协议，只保留 TCP/IP 协议。

（2）在不影响应用的前提下，更改默认的 1433 端口。

4.3.4.5　审计策略加固

审计策略加固是配置数据库审计功能，使系统能记录安全事件的审计信息，防止审计数据被非法删除、修改。加固方法如下：

（1）启用相应的审计功能，配置审核级别。

（2）配置日志管理策略、保证日志存放地点的安全可靠。

（3）删除数据库安装时，默认生成的安装日志文件或清除相关日志文件中保存的口令。

4.3.4.6　漏洞加固

安装系统安全补丁，对扫描或手工检查发现的系统漏洞进行修补。

4.3.4.7　通信安全加固

启用数据库的通信加密功能，保证与数据库系统通信的数据在网络传输过程中的安全。加固方法为对网络传输数据启用加密保护。

4.3.4.8　数据库备份

SQL Server 数据库的备份方法主要有完整备份、差异备份、事务日志备份等。根据数据安全性的要求，制定合理的备份计划。SQL Server 维护计划功能可以较好地实现自动化备份，在使用该功能前启动数据库管理器上的 SQL Server 代理功能。

4.3.5　MySQL 数据库加固

MySQL 是最流行的关系型数据库管理系统之一，在 Web 应用方面，MySQL 是最好的关系数据库管理系统应用软件。中小型网站大多数使用更加灵活小巧的 MySQL 数据库。本节将从帐号口令、访问控制、安全升级等方面介绍 MySQL 数据库的加固措施。

4.3.5.1　帐号权限加固

帐号权限加固是以最小权限原则为每个帐号分配其必需的角色、系统权限、对象权限和语句权限，删除系统多余用户，避免使用弱密码。加固方法如下：

（1）在操作系统用户中删除或禁用调试帐号。

（2）禁止匿名访问。

（3）限制应用用户在数据库中的权限，尽量保证最小化。

（4）限制运行 MySQL 数据库服务用户的权限，删除其家目录、删除 shell。

（5）删除系统中多余的自建帐号。

（6）为所有用户设置强口令。

4.3.5.2 数据访问控制加固

数据访问控制加固对数据库系统重要文件的访问权限进行配置，只授予必要的用户必需的访问权限。加固方法如下：

（1）严格限制 MySQL 数据库对象的访问权限，合理配置数据库权限级别。

（2）限制数据库配置文件的访问限制，只允许管理员或 root 访问。

4.3.5.3 服务加固

服务加固包括删除默认安装时装载的示例数据库，确保数据库系统中只安装、运行完成系统各个业务所必需的程序、服务、数据库。加固方法如下：

（1）在不影响业务系统正常运行情况下，停止或禁用与承载业务无关的服务。

（2）删除测试数据库和示例数据库。

（3）删除历史命令记录。

4.3.5.4 网络访问控制加固

网络访问控制加固包含删除多余的网络连接协议，更改默认的通信端口。加固方法如下：

（1）在不影响应用的前提下，删除命名管道等应用协议，只保留 TCP/IP 协议。

（2）在不影响应用的前提下，更改 MySQL 默认的 3306 端口。

4.3.5.5 审计策略加固

审计策略加固是配置数据库审计功能，使系统能记录安全事件的审计信息，防止审计数据被非法删除、修改。加固方法如下：

（1）启用审计功能，使系统能够自动地记录对数据库的重要连接和系统更改行为。

（2）配置日志管理策略，限制非法访问和修改审计日志文件。

（3）删除数据库安装时，默认生成的安装日志文件或清除相关日志文件中保存的口令。

4.3.5.6 漏洞加固

安装系统安全补丁，对扫描或手工检查发现的系统漏洞进行修补。

4.3.5.7 通信安全加固

启用数据库的通信加密功能，保证与数据库系统通信的数据在网络传输过程中的安全。加固方法为使用加密协议对所有传输的数据进行保护，避免明文传输。

4.3.5.8 数据库备份

目前 MySQL 支持的免费备份工具有 mysqldump、mysqlhotcopy，还可以用 SQL 语法进行备份，如 BACKUPTABLE 或者 SELECTINTOOUTFILE，又或者备份二进制日志（binlog）。为了不影响线上业务，实现在线备份，并且能增量备份，最好的办法就是采用主从复制机制（replication），在 slave 机器上做备份。

4.4 中间件安全

4.4.1 中间件安全概述

目前 B/S 架构的应用系统占有很大的比例，这其中又有很多应用系统使用了中间件。中间件漏洞可以说是最容易被应用系统管理员和开发人员忽视的漏洞，原因很简单，因为这并不是应用程序代码上存在的漏洞，而是一种应用部署环境的配置不当或者使用不当造成的漏洞。从实际情况来看，预防这种漏洞最大的难点，在于中间件安全该由谁负责。

在处理应急响应事件时经常遇到这样一种情况，应用系统代码是外包的，也就是第三方公司负责开发，而部署可能是由内部运维人员负责。暂不说他们对于中间件安全的重视程度与了解程度，只谈发现漏洞后如何处理，便是一团乱。开发商推卸说这并不是代码上的问题，他们完全是按照安全开发流程（SDL）走的，所以跟他无关；运维人员则反驳道：你们当初没说要配置什么啊，只是让安装个程序就可以了，我怎么知道？

除此之外，开发人员以及运维人员对中间件安全意识的缺失也是一个重要因素。有些开发商可能会对自身代码进行安全检测，但只对代码部分进行审查是远远不够的。

一次完整的 HTTP 请求（使用了 Web 中件间的应用系统）访问顺序是：Web 浏览器→Web 服务器→Web 容器/Web 中间件→应用程序/文件/服务器→数据库服务器。其中 Web 服务器、Web 容器、Web 中间件的概念彼此很相似，又有区别，甚至还有功能重叠，本节介绍一些常见的中间件漏洞以及防护方式。

4.4.2 IIS、 Apache、 Nginx 漏洞与防护

每一个 Web 应用系统都会在服务器上运行 Web 服务器端软件，用以支撑 B/S 架构的 S 端并提供 HTTP 服务。HTTP 服务器端最常见的中间件就是 IIS、Apache 和 Nginx 了。

4.4.2.1 IIS

IIS 全称为 Internet Information Service（Internet 信息服务），它的功能是供信息服务，如架设 http、ftp 服务器等，是 WindowsNT 内核系统自带的，不需要下载，从 Windows Server 2000 开始到目前最新的 Windows Server 2016 都自带 IIS。

IIS 是 Windows Server 用户的首选，也是 asp 和 .net 类应用系统的唯一选择。正因为 Windows Server 和 IIS 十分流行，它们的安全漏洞也层出不穷。先看一个 IIS 漏洞的例子：

2015 年 4 月 15 日，微软发布安全公告，提示 HTTP.sys 中存在一个重大安全漏洞，可能允许远程执行代码。根据已公开的漏洞攻击细节显示，攻击者只需要发送恶意的 http 请求数据包，就可能远程读取 IIS 服务器的内存数据，一旦被利用成功，可以获得很高的系统权限，可在 System 帐户上下文中执行任意代码，或使服务器系统蓝屏崩溃。

统计显示，全国 30％的服务器受该漏洞影响，由于攻击代码已经被攻击者公开，如不及时更新补丁或进行相关防护，很可能会成为攻击者大规模破坏的目标。

IIS 的安全防护主要从身份验证、权限控制和应用程序池三方面进行。

4.4.2.1.1　身份验证

身份验证是验证客户端身份的行为，并控制客户端对资源的访问能力。一般情况下，客户端必须提供某些证据，一般称为凭据，来证明其身份。通常，凭据指用户名和密码。IIS 有多种身份验证方式，主要有以下五种。

（1）匿名访问。如果启用了匿名访问，访问站点时，不要求提供经过身份验证的用户凭据。当需要让用户公开访问那些没有安全要求的信息时，使用此选项最合适。用户尝试连接您的网站时，IIS 会将该连接分配给 IUSER ＿ ComputerName 帐户，其中 ComputerName 是运行 IIS 的服务器的名称。默认情况下，IUSER ＿ ComputerName 帐户为 Guests 组的成员，密码为空。

注：如果启用匿名访问，IIS 会始终先使用匿名身份验证来尝试验证用户身份，即使启用其他身份验证方法也是如此。也就是说，启用匿名身份验证后其他验证方式会失效。

（2）集成 Windows 身份验证，以前称为 NTLM 或 Windows NT 质询/响应身份验证。此方法以 Kerberos 票证的形式通过网络向用户发送身份验证信息，并提供较高的安全级别。Windows 集成身份验证使用 Kerberos 版本 5 和 NTLM 身份验证。另外，不支持通过 HTTP 代理连接进行 Windows 集成身份验证。如果某个 Intranet（Intranet 称为企业内部网，属于内网环境，是一个使用与因特网同样技术的计算机网络，它通常建立在一个企业或组织的内部，并为其成员提供信息的共享和交流等服务，可以说 Intranet 是 Internet 技术在企业内部的应用）中的用户和 Web 服务器计算机在同一个域中，那么对于这个 Intranet，使用此选项是最合适的（NTLM 都是身份认证协议）。

（3）Windows 域服务器的摘要式身份验证。摘要式身份验证需要用户 ID 和密码，可提供中等的安全级别，如果允许从公共网络访问安全信息，则可以使用这种方法。这种方法与基本身份验证提供的功能相同。但是，此方法会将用户凭据作为 MD5 哈希或消息摘要在网络中进行传输，这样就无法根据哈希对原始用户名和密码进行解码。

（4）基本身份验证（以明文形式发送密码）。基本身份验证需要用户 ID 和密码，提供的安全级别较低。用户凭据以明文形式在网络中发送。这种形式提供的安全级别很低，因为几乎所有协议分析程序都能读取密码。但是，它与大多数 Web 客户端兼容。如果允许用户访问的信息没有什么隐私性或不需要保护，使用此选项最为合适。

注：如果启用基本身份验证，需要在"默认域"框中键入要使用的域名，还可以选择在领域框中输入一个值。

（5）NET Passport 身份验证。.NET Passport 身份验证提供了单一登录安全性，为用户提供对 Internet 上各种服务的访问权限。如果选择此选项，对 IIS 的请求必须在查询字符串或 Cookie 中包含有效的 .NET Passport 凭据。如果 IIS 不检测 .NET Passport 凭据，请求就会被重定向到 .NET Passport 登录页。

4.4.2.1.2　权限控制

权限控制可以通过文件权限进行设置，由于 IIS 帐户隶属于 Guests 帐户，可以设置整个 Guests 帐户或只设置 IIS 帐户，对于上传目录一定要禁止执行权限，仅赋予读写权限。

4.4.2.1.3　应用程序池

应用程序池是将一个或多个应用程序链接到一个或多个工作进程集合的配置。因为应用程序池中的应用程序与其他应用程序被工作进程边界分隔，所以某个应用程序池中的应用程序不会受到其他应用程序池中应用程序所产生的问题的影响。工作进程隔离模式防止一个应用程序或站点停止了而影响另一个应用程序或站点，大大增强了 IIS 的可靠性。

4.4.2.2　Apache

4.4.2.2.1　Apache 的主要特征

Apache 是一个免费的软件，用户可以免费从 Apache 的官方网站下载。Apache 允许世界各地的人对其提供新特性，任何人都可以参加其组成部分的开发。当新代码提交到 Apache Group 后，Apache Group 对其具体内容进行审查并测试和质量检查。如果他们满意，该代码就会被集成到 Apache 的主要发行版本中。

Apache 的其他主要特征有：

（1）支持最新的 HTTP 协议。Apache 是最先支持 HTTP1.1 的 Web 服务器之一，其与新的 HTTP 协议完全兼容，同时与 HTTP1.0、HTTP1.1 向后兼容。Apache 还为支持新协议做好了准备。

（2）简单而强大的基于文件的配置。Apache 服务器没有为管理员提供图形用户界面，提供了三个简单但是功能异常强大的配置文件。用户可以根据需要用这三个文件随心所欲地完成自己希望的 Apache 配置。

（3）支持通用网关接口（CGI）。采用 mod _ cgi 模块支持 CGI。Apache 支持 CGI/1.1 标准，并且提供了一些扩充。

（4）支持虚拟主机。Apache 是首批既支持 IP 虚拟主机又支持命名虚拟主机的 Web 服务器之一。

（5）支持 HTTP 认证。Apache 支持基于 Web 的基本认证，还有望支持基于消息摘要的认证。

（6）集成代理服务器。用户还可以选择 Apache 作为代理服务器。

（7）支持 SSL。由于版本法和美国法律在进出口方面的限制，Apache 本身不支持 SSL。但是用户可以通过安装 Apache 的补丁程序集合（Apache－SSL）使得 Apache 支持 SSL。

（8）支持 HTTP Cookie。通过支持 Cookie，可以对用户浏览 Web 站点进行跟踪。

4.4.2.2.2　Apache 的安全防护

（1）限制 root 用户运行 Apache 服务器。一般情况下，在 Linux 下启动 Apache 服务器的进程 httpd 需要 root 权限。由于 root 权限太大，存在许多潜在的对系统的安全威胁。一些管理员为了安全的原因，认为 httpd 服务器不可能没有安全漏洞，因而更愿意使用普通用户的权限来启动服务器。http. conf 主配置文件里面有 User apache 和 Group apache 2 个配置是 Apache 的安全保证，Apache 在启动之后，就将其本身设置为这两个选项设置的用户和组权限进行运行，这样就降低了服务器的危险性。

（2）启用 Apache 自带安全模块保护。Apache 的一个优势是其灵活的模块结构，其设计思想也是围绕模块（module）概念而展开的。安全模块是 Apache server 中的极其重要的组成部分。这些安全模块负责提供 Apache server 的访问控制和认证、授权等一系列至关重要的安全服务。

Apache 有如下几类与安全相关的模块：

1）mod_access 模块：能够根据访问者的 IP 地址（或域名、主机名等）来控制对 Apache 服务器的访问，称为基于主机的访问控制。

2）mod_auth 模块：用来控制用户和组的认证授权（Authentication）。用户名和口令存于纯文本文件中。

3）mod_auth_db 和 mod_auth_dbm 模块：分别将用户信息（如名称、组属和口令等）存于 Berkeley-DB 及 DBM 型的小型数据库中，便于管理及提高应用效率。

4）mod_auth_digest 模块：采用 MD5 数字签名的方式来进行用户的认证，但其需要客户端的支持。

5）mod_auth_anon 模块：其功能和 mod_auth 的功能类似，只是它允许匿名登录，将用户输入的 E-mail 地址作为口令。

6）mod_ssl 模块：被 Apache 用于支持安全套接字层协议，提供 Internet 上安全交易服务，如电子商务中的一项安全措施。通过对通信字节流的加密来防止敏感信息的泄漏。但是，Apache 的这种支持是建立在对 Apache 的 API 扩展来实现的，相当于一个外部模块，通过与第三方程序（如 openssl）的结合提供安全的网上交易支持。

（3）认证和授权指令。目前有两种常见的认证类型，即基本认证和摘要认证。基本认证（Basic）使用最基本的用户名和密码方式进行用户认证。摘要认证（Digest）比基本认证要安全得多，在认证过程中额外使用了一个针对客户端的挑战（challenge）信息，可以有效地避免基本认证方式可能遇到的重放攻击。值得注意的是，目前并非所有的浏览器都支持摘要认证方式。

所有的认证配置指令既可以出现在主配置文件 httpd.conf 中的 Directory 容器中，也可以出现在单独的 .htaccess 文件中，这个可以由用户灵活地选择使用。在认证配置过程中，需要用到如下指令选项：

1）AuthName：用于定义受保护区域的名称。

2）AuthType：用于指定使用的认证方式，包括上面所述的 Basic 和 Digest 两种方式。

3）AuthGroupFile：用于指定认证组文件的位置。

4）AuthUserFile：用户指定认证口令文件的位置。

（4）访问控制。Apache 实现访问控制的配置指令包括 order、allow 和 deny 三种。

1）order 指令：用于指定执行允许访问控制规则或者拒绝访问控制规则的顺序。

a）allow, deny：缺省禁止所有客户机的访问，且 allow 语句在 deny 语句之前被匹配。如果某条件既匹配 deny 语句又匹配 allow 语句，则 deny 语句会起作用（因为 deny 语句覆盖了 allow 语句）。

b）deny, allow：缺省允许所有客户机的访问，且 deny 语句在 allow 语句之前被匹配。如果某条件既匹配 deny 语句又匹配 allow 语句，则 allow 语句会起作用（因为 allow 语句覆盖了 deny 语句）。

2）allow 指令：指明允许访问的地址或地址序列。如 allow from all 指令表明允许所有 IP 的访问请求。

3）deny 指令：指明禁止访问的地址或地址序列。如 deny from all 指令表明禁止所有 IP 的访问请求。

4.4.2.3 Nginx

Nginx（发音同 enginex）是一个网页服务器，它能反向代理 HTTP，HTTPS，SMTP，POP3，IMAP 的协议链接，以及一个负载均衡器和一个 HTTP 缓存。起初是供俄国大型的门户网站及搜索引擎 Rambler 使用。此软件在 BSD-like 协议下发行，可以在 UNIX、GNU/Linux、BSD、Mac OS X、Solaris，以及 Microsoft Windows 等操作系统中运行。

Nginx 防护主要从限制访问请求参数、访问权限控制和连接权限控制三方面进行。

（1）限制访问请求参数。

http{

♯设置客户端请求头读取超时时间，超过这个时间还没有发送任何数据，Nginx 将返回"Request time out（408）"错误

client_header_timeout 15；

♯设置客户端请求主体读取超时时间，超过这个时间还没有发送任何数据，Nginx 将返回"Request time out（408）"错误

client_body_timeout 15；

♯上传文件大小限制

client_max_body_size 100m；

♯指定响应客户端的超时时间。这个超过仅限于两个连接活动之间的时间，如果超过这个时间，客户端没有任何活动，Nginx 将会关闭连接。

send_timeout　　600；

♯设置客户端连接保持会话的超时时间，超过这个时间，服务器会关闭该连接。

keepalive_timeout 60；

}

（2）访问权限控制。nginx 支持精准控制访问权限，其实还有 auth_basic 指令，用户必须输入有效的用户名和密码才能访问站点。user_file 指令设置的文件中。访问权限控制参数如下：

server{

　...

auth_basic"closedwebsite"；

auth_basic_user_fileconf/htpasswd；

}

auth_basic 的 off 参数可以取消验证，比如对于一些公共资源，则可以取消验证。

```
server{
    …
    auth_basic"closedwebsite";
    auth_basic_user_fileconf/htpasswd;
    location/public/{
        auth_basic off;
    }
}
```

（3）连接权限控制。实际上 nginx 的最大连接数是 worker_processes 乘以 worker_connections 的总数。也就是说，下面的这个配置，就是 4X65535。一般会强调 worker_processes 设置成与核数相等，worker_connections 并没有要求。但是同时这个设置其实给了攻击者空间，攻击者是可以同时发起这么多个连接，把服务器搞跨。所以，应该更合理地配置这两个参数。

```
user    www;
worker_processes  4;
error_log  /data/logs/nginx_error.log  crit;
pid        /usr/local/nginx/nginx.pid;
events{
        use epoll;
        worker_connections 65535;
}
```

不过，也不是完全没有办法限制，在 nginx0.7 开始，出了两个新的模块：

HttpLimitReqModul：限制单个 IP 每秒请求数

HttpLimitZoneModule：限制单个 IP 的连接数

4.5 网络与信息安全防护系统

4.5.1 流量控制系统

4.5.1.1 流量控制概述

网络流量控制（Network traffic control）是一种利用软件或硬件方式来实现对电脑网络流量的控制。它的最主要方法，是引入 QoS 的概念，通过为不同类型的网络数据包标记而决定数据包通行的优先次序。

流量控制有以下作用：

（1）提升应用服务质量。互联网应用繁荣的时代，各种关键应用（如 ERP、CRM、OA 系统、视频会议系统等）越来越受到其他网络应用的冲击，导致这些关键业务的应用得不到保障。

智能流量管理系统通过带宽保证、带宽预留等流量保障手段，保障了关键业务的带宽需求；通过链路备份、流量分担等智能选路策略，保障了关键业务的正常使用，极大提升了应用的服务质量；同时通过对时延敏感应用的实时测量和监控，实现了网络延时的可视化，大大提高了客户满意度。

（2）提升带宽利用价值。Web 浏览、E-mail 收发、P2P 下载、网络电视、即时通信及网络游戏等与工作不太相关和无关的应用日益泛滥，客户有限的出口网络带宽资源，迅速被 P2P 下载、网络电视等非关键应用和无关应用占用和吞噬，造成宝贵的带宽资源被滥用和浪费。在应用日益丰富的今天，出口带宽即使扩容也依然是杯水车薪，不能从根本上解决带宽瓶颈的问题。

智能流量管理系统通过应用封堵、流量限速等流量限制等手段，控制非关键应用，封堵无关应用，极大地提升现有带宽的利用价值，避免因带宽扩容带来额外的网络接入费用。同时通过数据压缩功能，大大降低了网络中传输的数据量，有效提升了当前的带宽利用价值，避免因额外租用出口带宽资源而增加网络运营成本。

（3）优化网络应用。在经济一体化的今天，各企事业单位的组织架构经常是跨区域的。远在各地的分支机构访问总部的各种应用（如邮件服务器、ERP 服务器等），受广域网和出口带宽的限制特别明显，各种远程交互式应用的速度经常十分缓慢。

智能流量管理系统通过在现有网络条件下对跨广域网的各种应用进行优化，极大地提高了交互式应用的响应速度，大大提高了用户的工作效率。

（4）降低网络风险。现今的企事业单位网络中心，各种网络设备应有尽有，防火墙、IPS、IDS、邮件过滤网关等层出不穷，当其中任何一台设备出现问题时，都会影响正常网络应用，同时诸如异常流量、DDOS 攻击等时刻威胁着网络与信息安全。

智能流量管理系统既可以通过旁路监听的方式无缝接入单位的现有网络，又可以通过应用引流的方式把相关的应用分发给对应的网络与信息安全网关，如邮件过滤网关等，彻底避免了网络设备串糖葫芦的组网方式，大大降低了网络与信息安全风险。同时通过对网络异常流量和网络攻击进行预先防护，大大提高了网络的可靠性和稳定性。

4.5.1.2 流量控制工作原理及部署

随着网络技术的快速发展，基于网络的应用越来越多，越来越复杂。种类繁多的应用正在吞噬着越来越多的网络资源，网络作为一种新的传媒载体，也正在遭受媒体的冲击。尤其是网络视频、个人媒体、传统电视等媒体向互联网的渗入使得网络中的流量急剧上升，这使得运营商的运营和管理成本大幅度增长。运营商可以用限流的方法控制网络流量，但这同时也限制了网络媒体的发展，最终不利于互联网的进一步发展。因此，开发一种新的技术来控制网络流量成为一个研究热点。

现阶段互联网上的流量主要由 P2P 和 HTTP 产生，这两种流量已经占到全部流量的 70% 以上，并且仍呈上升趋势。因此流量控制的重点是 P2P 和 HTTP，降低这两种协议产生的流量将有效降低网络整体流量。通过对多种网络流量控制系统的比较，然后采用一种最优的系统。将系统部署在网络出口来缓存 P2P 和 HTTP 流量，对同一种资源的后续请求将有缓存来响应，从而降低网络流量、节省带宽并提高用户体验。

4.5.1.3 流量控制的主要特点

（1）基于内容进行会话识别。可以通过高速的深层协议分析，识别每一个网络会话所属的应用，可以针对某种协议进行拦截或者制定相应的带宽分配策略。而传统的路由器和防火墙等网络设备只能根据端口进行最初级的识别。

（2）智能的带宽调节功能。可以根据网络负载智能调节网内的终端带宽分配方式。例如：如果网络负载较重，则自动限制那些流量较大的终端，保证多数用户的网络应用能够正常、快速地得到响应；当网络负载较轻时，则采用宽松的带宽处理策略，以便网络的带宽能得到充分的利用。

（3）基于终端的资源控制。仅需设定一条规则，即可限定每台终端的带宽使用上限，同时可以设定每台终端的会话数量，防止由病毒等原因造成的网络资源耗尽。

（4）带宽的按需动态分配。它能自动地分辨各种不同的协议、服务和应用深层速率控制技术，可根据 IP 地址、子网、服务器地点、协议、应用端口、应用类型等基本特点及应用的关联性分析将这个信息流和其他信息流区分，再根据不同的需要给予适当或应有的带宽级别（Privilege）和带宽政策（Policy）。带宽级别和带宽政策可以按区间划分，实施方式是硬性或弹性的，根据不同的要求灵活实施，可以确保广域网有限资源的按需动态分配。

4.5.1.4 流量控制技术

流量控制用于防止在端口阻塞的情况下丢帧，这种方法是当发送或接收缓冲区开始溢出时通过将阻塞信号发送回源地址实现的。流量控制可以有效地防止由于网络中瞬间的大量数据对网络带来的冲击，保证用户网络高效而稳定地运行。

控制流量的方式主要有半双工和全双工两种。在半双工方式下，流量控制是通过反向压力（backpressure）即通常说的背压计数实现的。这种计数是通过向发送源发送 jamming 信号使得信息源降低发送速度。在全双工方式下，流量控制一般遵循 IEEE 802.3x 标准，是由交换机向信息源发送"pause"帧令其暂停发送。

有的交换机的流量控制会阻塞整个局域网的输入，这样大大降低了网络性能；高性能的交换机仅仅阻塞向交换机拥塞端口输入帧的端口。采用流量控制，使传送和接收节点间的数据流量得到控制，可以防止数据包丢失。

流量控制技术分为传统和智能的两种。

（1）传统的流量控制方式：通过路由器、交换机的 QoS 模块实现基于源地址、目的地址、源端口、目的端口以及协议类型的流量控制，属于四层流量控制。

路由交换设备可以通过修改路由转发表，实现一定程度的流量控制，但这种传统的 IP 包流量识别和 QoS 控制技术，仅对 IP 包头中的"五元组"（IP 地址、源端口、目的 IP 地址、目的端口和传输层协议）信息进行分析，来确定当前流量的基本信息。传统 IP 路由器也正是通过这一系列信息来实现一定程度的流量识别和 QoS 保障，但其仅仅分析 IP 包的四层以下的内容，包括源地址、目的地址、源端口、目的端口以及协议类型。

随着网上应用类型的不断丰富，仅通过第四层端口信息已经不能真正判断流量中的应用类型，更不能应对基于开放端口、随机端口甚至采用加密方式进行传输的应用类型。例如，P2P 类应用会使用跳动端口技术及加密方式进行传输，基于交换路由设备进行流量控制的方法对此完全失效。

（2）智能流量控制方式：通过专业的流量控制设备实现基于应用层的流量控制，属于七层流量控制。

网络流量综合管理产品集智能动态带宽保障、服务器流量分析与保障技术、虚拟多设备管理等多项突破性技术，涵盖流量分析、带宽管理、DMZ 区服务器管理、专线管理、企业级防火墙及路由器、负载均衡等功能，在网络性能、质量、安全等方面为客户提供完整的解决方案。全面透视网络应用，快速发现网络问题，迅速定位网络故障。保障关键应用和重要人员的上网带宽，限制 P2P 等无关应用的带宽，保障网络通畅。

智能流量管理系统（简称 ITM 或 NS-ITM）是基于应用层的、专业的流量管理产品，既适用于大中型企业、校园网、城域网等流量大、应用复杂的网络环境，也适用于需优化互联网接入、保证关键业务应用、控制网络接入成本的中小型企业的网络环境。

通过监控网络流量，分析流量行为，设置流量管理策略，实现基于时间、VLAN、用户、应用、数据流向等条件的智能流量管理。

4.5.2 网络与信息安全风险监控预警平台 （S6000）

在当前日益严峻的安全形势下，随着网络攻击技术的不断发展，常规攻击不断衍变，高级持续威胁（APT 攻击）等新型攻击不断涌现，具备攻击更快速、手段更专业、过程更隐蔽、技术更复杂的特点，这些对网络与信息安全监测提出了更高要求。SG-S6000 平台是以国家电网公司网络与信息安全预警分析中心业务应用需求为基础，开展基于安全场景模型的大数据分析及展示等手段建立和完善安全态势全面监控、安全威胁实时预警、安全事件及时处置的能力，建设形成一套能够支撑网络与信息安全预警分析中心业务开展的支撑平台。通过 SG-S6000 平台，扩大监控范围，细化监控粒度，实现了物理、网络、主机、应用、数据、终端等的全面监控，同时还利用网络态势感知、大数据分析及预测技术，提高了对监测信息的综合分析能力，实现了智能、联动、快速响应的主动防御。

在总部层面，信息安全风险监控预警平台通过企业服务总线对省公司分析计算进行任务调度；大数据平台存放总部数据实时处理结果，同时为信息安全风险监控预警平台态势分析提供数据和基础计算资源。总部通过纵向数据交换平台与省公司进行数据实时交互。在省公司层面，大数据平台存放省公司数据实时处理结果，同时为信息安全风险监控预警平台态势分析提供分布式的数据和基础计算资源。省公司通过纵向数据交换平台与总部进行数据实时交互。

S6000 平台系统部署涉及 9 个组件，分别是数据采集、反向隔离、信息网隔离、消息队列（kafka）、流处理（storm）、ElasticSearch（综合检索）、Spark、数据库、应用服务。S6000 平台主要集成网络设备、安全设备、安全系统，其中网络设备包括路由器、交换机；安全设备包括 IPS、IDS、防火墙、WAF、安全接入平台、信息网隔离装置等；安全系统包括 I6000、门户网站、安全基线系统、桌面终端管理系统、防病毒系统、统一数据保护系统等。集成方式主要是数据集成。

SG-S6000 平台功能分为前台和后台两端，前台功能包括安全态势监测、安全资产监测、外网网站监测、邮件系统监测、电子商务平台监测、终端监测、数据管理、场景建模、安全情报、综合检索、系统配置等，后台功能包括实时分析、定时分析、交互式分析、数据预处理、数据采集、内部通信、外部服务、情报分析等。各功能实现内容如下：

（1）安全态势。实时展示各种安全状态的情势及详细信息。重点关注六大安全业务需求场景（邮件、外网网站、安全内控、特定业务、内容泄露、边界安全）。用三种视角（内网、外网、场景）应用不同指标分析和展示安全信息态势。

（2）安全资产监测。监测各项设备、终端的安全运行状态，实时展示资产的安全风险和告警情况。

（3）外网网站监测。外网网站功能主要完成对外网网站各项指标和总体安全状态的监测，包括门户网站、95598 客服网站、电子商务平台、电子商城，提供网站拓扑监测，可查看各类攻击信息和告警信息及查看服务器的详细信息和相关日志。

（4）邮件系统监测。邮件系统功能主要完成邮件系统安全态势及系统拓扑图等，可监测查看各类攻击信息和告警信息及查看邮件系统服务器的详细信息和相关日志。

（5）电子商务平台监测。电子商务平台功能主要完成电子商务平台安全态势及系统拓扑图等，可监测各类攻击信息和告警信息，及查看电子商务平台服务器的详细信息和相关日志。

（6）终端监测。终端监测功能主要完成省网和直属单位的终端设备的告警信息查看以及对相应信息的告警处理。

（7）数据管理。实现平台获取的数据源采集管理、预处理管理、质量监测管理等功能。对平台分析的基础数据的获取和处理的控制参数进行配置和管理。

（8）场景建模。完成场景模型的新增、提交、修改、发布等功能。

（9）安全情报。负责安全情报的总览、情报新建、情报审核、情报源管理等功能，同时为安全分析提供基础支撑服务；情报管理由总部开展的工作，省级公司仅作为情报系统的查看者。

（10）综合检索。可通过查询类别为预警查询、预警编号、安全类型、重要程度、单位、时间范围等属性进行检索查询，也可基于关键字检索查询。

（11）系统配置。包括版本管理、系统策略和平台监测三个功能。

（12）实时分析。支持平台实时关联分析的后台运算功能，包括日志异常匹配引擎、关联事件发现引擎、模型拓扑管理。

（13）定时分析。支持平台统计挖掘的后台运算功能，包括攻击统计关联引擎、威胁模式发现引擎。

（14）交互式分析。支持平台弹性检索的后台运算功能，包括实时索引引擎、事件语义查询引擎、存储查询优化。

（15）数据预处理。提供对已采集数据的去重、去噪、范式化、加强的功能，实现对异构、异源数据的同构化。

（16）数据采集。提供平台对日志、网络流、情报数据的收集功能，及实现资产等环境数据的集成。

（17）内部通信。提供数据向平台其他节点的转发功能，包括纵向节点间的数据交换和横向节点间的数据转发。

（18）外部服务。提供向其他系统提供日志和流量的转发功能。

（19）情报分析。对所有内部、外部漏洞威胁等情报进行关联分析，索引以及认证。

（20）信息安全事件日志分析取证工具。为信息安全事件提供现场分析，排查事件日志中残留的证据，为事件取证提供技术支撑。

（21）业务操作场景建模工具。主要完成业务数据库及业务系统的日志汇总、梳理业务操作、建立业务人员操作基线及业务流程模型，发现热点业务、非法操作内容、异常业务流程等。

（22）业务访问场景建模工具。提供对业务的未知 IP、未知业务访问和黑名单业务访问的监控、分析和回溯功能。

4.5.3　Web 应用防护系统

1. Web 应用防护概述

随着网络技术的不断普及与发展，企业对外提供服务的 Web 应用越来越多，其遭受的各种最新的 Web 应用攻击也越来越多。

Web 应用防护系统也称网站应用级入侵防御系统，按照国际上公认的一种说法，是指通过执行一系列针对 HTTP/HTTPS 的安全策略来专门为 Web 应用提供保护的产品。

Web 防护能力是指 WAF 基于 7 层防护技术，深入理解应用层内容，引入了安全白名单、安全黑名单等技术进行双引擎防护。同时，对于应用层 CC 和恶意商业数据抓取等攻击，WAF 可基于页面次数和时间算法统计进行防护。此外，对于 HTTP 慢攻击或包分片攻击，WAF 可对数据包完整重组后识别攻击。

防范应用层攻击的种类见表 4-1。

表 4-1　　　　　　　　　防范应用层攻击的种类

防御类别	攻击名称
黑白名单防御类	扫描器扫描
	手工探测与渗透
	恶意攻击
	蠕虫攻击
	盗链攻击
	恶意商业数据抓取
	SQL 注入攻击
	命令注入攻击
	跨站点脚本攻击
	表单/Cookie 篡改
	敏感信息泄露
	目录遍历
	Cookie/Session 劫持
	日志篡改
	应用平台漏洞攻击
	缓冲溢出攻击

防御类别	攻击名称
CC 攻击防御类	应用层 CC 攻击
	应用层流量攻击
慢攻击防御类	慢 HTTP 攻击
包分片防御类	TCP 分片绕过

2. WAF 工作原理

（1）黑名单安全防御类。WAF 的特征库黑名单集成了 580 多种攻击特征，全面覆盖了 Web 应用存在的安全威胁，通过特征匹配技术来防护 Web 攻击。当访问请求匹配特征库黑名单中的某一特征时，WAF 会做出阻断并告警、阻断不告警、重定向、仅检测等相应的防护动作。

特征库黑名单为用户解决各类应用层攻击的防护问题，例如 SQL 注入、跨站、挂马、应用层 CC、扫描器等。

黑名单安全防御流程如图 4-1 所示。

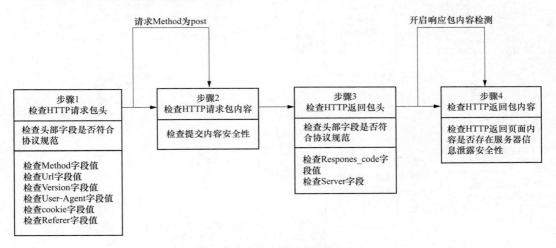

图 4-1　黑名单安全防御流程图

具体步骤如下：

1）WAF 先检查 HTTP 请求包头，检查内容包括：HTTP 头部字段名是否符合协议规范性；Method 字段值识别不存在的请求方法；URL、Cookie 字段值识别请求头部是否存在攻击；Version 字段值识别不存在的协议版本；User-Agent 字段值识别恶意爬虫或扫描器攻击；Referer 字段值识别盗链攻击。

2）WAF 检查 HTTP 请求包内容，当请求方法为 post 时，检查请求包内容是否存在攻击。

3）WAF 检查 Response_code 可屏蔽服务器错误信息，检查 Server 字段值可隐藏服务器指纹信息，防止被黑客利用。

4）WAF 检查返回包内容，检查返回页面是否存在服务器信息泄露。

（2）策略自学习建模及白名单防护技术。

1）策略自学习模建技术是指 WAF 通过对访问流量的自学习和概率统计算法实现自动生成策略规则。策略自学习模建技术为用户节省学习 WAF 相关安全知识的时间及精力，使管理人员可以有更多的精力保障业务的使用。

2）白名单防护技术是指通过策略自学习建模技术及白名单安全技术，对网站的正常访问行为规律进行分析及总结，并生成一套针对网站特性的安全白名单规则，对正常的请求直接放行，快速识别安全的请求。

自学习白名单防护能有效防护 0day 等攻击，误报率低。同时，能够大幅度提高网站访问性能，避免特征库黑名单技术带来的局限性，如规则库的庞大及复杂，对管理员的安全技术水平要求高等。

3）策略自学习建模及白名单防护技术通过对访问流量的自学习和概率统计算法实现自动生成策略规则，同时对网站的正常访问行为规律进行分析及总结，生成一套针对网站特性的安全白名单规则，对正常的请求直接放行。其流量分析流程如图 4-2 所示。

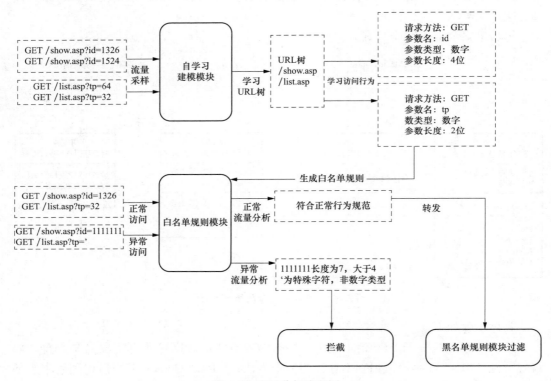

图 4-2　流量分析流程图

工作时，自学习建模模块先对流量采样，学习服务器存在的 URL 树和访问行为。访问行为包括请求方法、参数名、参数类型、参数长度及匹配频率。学习完成后生成白名单规则，匹配动作为匹配不到拦截。用户访问时，先通过白名单规则匹配，发现异常流量直接拦截，正常流量再转给黑名单规则模块进行过滤。白名单规则优先级比黑名单更高，异常攻击流量无需经过多条黑名单规则进行匹配，提高了流量清洗效率。

（3）CC攻击防御类。WAF单个客户端发起的页面请求次数和时间轴进行统计，当发现单个客户端在一定时间内发起的页面请求次数异常时，将该客户端锁定至黑名单中，从而达到防御CC攻击的目标。CC攻击防御流程如图4-3所示。

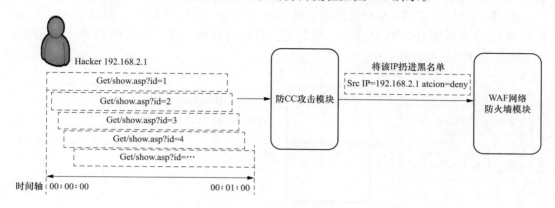

图4-3　CC攻击防御流程图

（4）HTTP慢攻击/包分片攻击防御类。如图4-4所示，当Client请求到Server时，先与WAF建立三次握手（SYN、SYN＋ACK、ACK）。Client构造的攻击有包分片时，WAF会将整个数据包缓存下来，待传输完成后进行包重组。WAF将包重组后，再检测整个数据包的内容，先检查包头，再检查包内容，发现有攻击特征则立即拦截，不会再转发到Server。

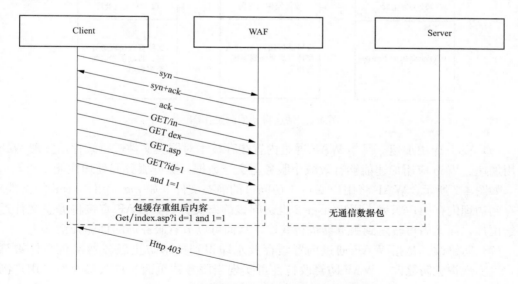

图4-4　HTTP慢攻击/包分片攻击防御流程图

（5）站点自动侦测。对经过WAF的流量自动学习，可获取Web应用服务器信息，如服务器IP、TCP端口、域名等信息。管理员可以将需要防护的Web应用服务器添加至WAF的保护站点中。

一般情况下管理员需要手工指定WAF需要防护哪些Web应用，当有大量的网站群需要防护时，或者具有复杂的域名对应关系时，通常难以用手工方式对服务进行确认。WAF 站点自动侦测特性可轻松实现 WAF 部署的即插即用，不需复杂的环境调研和现场确认，加载自动发现的服务对象即可实现快速安全防护策略的部署。

如图 4-5 所示，WAF 对经过的流量开启协议分析。发现有 HTTP 协议的流量，将目标 Web 服务器的 IP、TCP 端口、域名等信息进行提取。将需要防护的 Web 服务器手工添加至 WAF 保护站点中。

图 4-5　站点自动侦测流程图

如图 4-6 所示，当攻击发生时，WAF 会实时进行拦截；攻击发生后，WAF 通过短信、邮件等方式立即通知到系统管理员；系统管理员收到通知后应急处理，将攻击者锁定。

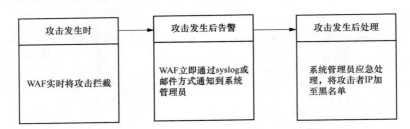

图 4-6　站点自动侦测工作图

（6）Web 应用加速。是指 WAF 通过内置缓存技术对网页文件进行缓存，实现 Web 应用加速。Web 应用加速能够有效减小服务器交互数据，提升服务器处理性能。

如图 4-7 所示，WAF 将用户 user-1 访问过的静态文件（如 jpg、gif、html 等文件）缓存到物理内存中；当另一用户 user-2 也访问该静态文件时，WAF 直接将静态文件返回给用户，而无需再转发到服务器进行获取，从而可以节省服务器的性能开销。

（7）防篡改。是指 WAF 通过内置缓存及水印识别技术防止服务器网页文件被篡改，可实现视觉防篡改。WAF 防篡改特性可实现当服务器页面文件被篡改后，用户浏览时仍显示篡改前的页面。

WAF 防篡改模块基于高速缓存模块。如图 4-8 所示，首先启动学习模式对网站的页面内容进行学习，学习完成后将页面内容存储在物理内存中。当服务器页面发生篡改后并有用户访问该页面时，WAF 首先会获取服务器的页面内容，并和缓存中的页面内容进行水印比对。当发现水印不匹配时，WAF 则使用缓存中的页面返回给客户端，达到视觉防篡改。

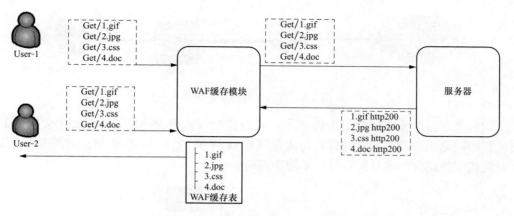

图 4-7　Web 应用加速工作示意图

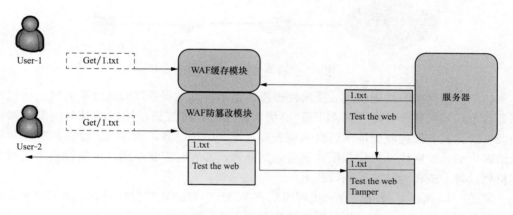

图 4-8　防篡改工作示意图

3. WAF 部署

WAF 支持透明代理、反向代理、网关模式等多种部署模式。

（1）透明代理模式。支持透明串接部署方式，串接在用户网络中，可实现即插即用，无需用户更改网络设备与服务器配置。该方式的优点是：①部署简单易用，应用于大部分用户网络中；②不需要更改数据包内容，对于用户网络是透明的；③防护能力强，可支持 CSRF、Cookie 篡改等防护；④故障恢复快，可支持 Bypass。

如图 4-9 所示，WAF 串接在网站服务器前端，客户端访问服务器流量会经过 WAF。WAF 先判断目的 IP 是否为被保护站点的 IP，再判断目标端口是否为保护站点的 TCP 端口（Web 端口一般为 80），如两个条件不满足，WAF 将数据包进行包转发处理。当目标 IP 和端口为 WAF 的保护站点时，WAF 会对数据包进行接管。客户端先与 WAF 建立连接，WAF 对流量进行检查。检查时先判断是否为静态页面文件，如为静态页面则将数据转到高性能模块进行线速转发；如为动态页面则先匹配白名单规则模块。白名单规则模块检查无异常后，再转给黑名单特征模块检查，检查无异常后 WAF 再发起新的连接到网站服务器。

WAF 在将数据包代理转发时不更改报文内容，如客户端 IP、请求内容等。

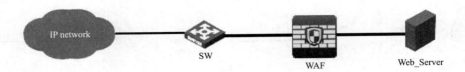

图 4-9　透明代理模式示意图

（2）旁路监控模式。如图 4-10 所示，旁路监控模式将 WAF 旁路部署在交换机上，交换机做网站服务器的端口镜像，将流量复制到 WAF 上。WAF 在旁路监控模式部署下只能用于流量分析或日志审计，不能实现防护。

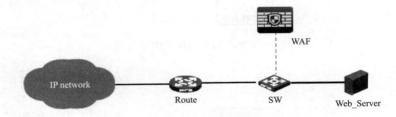

图 4-10　旁路监控模式示意图

（3）反向代理—代理模式。反向代理模式是指将真实服务器的地址映射到反向代理服务器上，当代理服务器收到 HTTP 的请求报文后，将该请求转发给其对应的真实服务器。后台服务器接收到请求后将响应先发送给 WAF 设备，由 WAF 设备再将应答发送给客户端。反向代理—代理模式支持旁路部署，部署时需要在用户网络设备上将域名解析到设备上或将地址映射到设备上。

如图 4-11 所示，反向代理—代理模式将 WAF 单臂部署在交换机上，通过防火墙将域名解析到 192.168.1.1 或将公网地址映射到 WAF 的业务口 192.168.1.1。

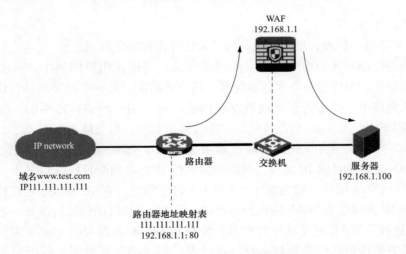

图 4-11　反向代理—代理模式示意图

反向代理模式部署特点包括：①可旁路部署，对于用户网络不透明，防护能力强；②故障恢复时间慢，不支持 Bypass，恢复时需要重新将域名或地址映射到原服务器；

③应用于复杂环境中，如设备无法直接串接的环境；④访问时需要先访问 WAF 配置的业务口地址；⑤支持请求源 IP 透明和不透明，不透明时可采用 X_Forwarded_For 或者自定义字段标识源 IP；⑥支持多台 WAF 设备冗余和集群部署。

（4）反向代理—牵引模式。反向代理—牵引模式部署先通过路由器将访问目的去往服务器的下一跳指向到 WAF。如图 4-12 所示，将 WAF 旁路部署在交换机上，路由器配置策略路由将访问网站服务器的下一跳指向 WAF，并将策略路由应用在路由器的靠近客户端的接口。

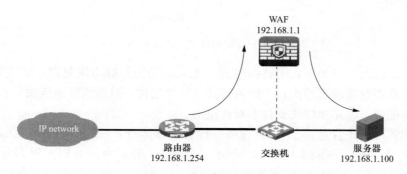

图 4-12　反向代理—牵引模式示意图

反向代理—牵引模式部署特点包括：①可旁路部署，对于用户网络不透明；②故障恢复时间慢，不支持 Bypass，恢复时需要删除路由器策略路由配置；③此模式应用于复杂环境中，如设备无法直接串接的环境；④访问时仍访问网站服务器；⑤支持请求源 IP 透明和不透明，不透明时可采用 X_Forwarded_For 或者自定义字段标识源 IP；⑥支持多台 WAF 设备冗余和集群部署。

（5）路由模式。路由模式需要在 WAF 接口上配置 IP 地址、静态路由和 BGP 路由，需要改动用户原有的网络环境。

对无冗余结构的网络，如图 4-13 所示，WAF 部署在路由器和核心交换机之间，WAF 的两个接口分别设置 IP 地址，并且 WAF 做了一条到路由器和核心交换机的静态路由。在路由模式下 WAF 是没有 bypass 功能的，如果 WAF 出现故障，将导致 Web 服务器无法访问，导致业务中断。

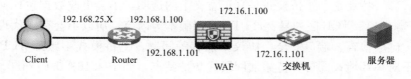

图 4-13　无冗余结构的网络路由模式示意图

对冗余结构的网络，如图 4-14 所示，WAF 旁路连接在交换机上，其中 WAF 连接交换机的接口设置了 IP 地址，WAF 与路由器启用 BGP 动态路由，原静态路由设置为浮动路由，WAF 将服务器的路由进行通告，默认流量先路由指向 WAF，当 WAF 异常时，可无缝切换到浮动路由，切换时对网络无影响。

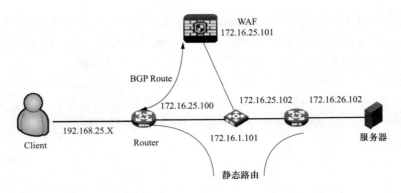

图 4-14 路由模式工作流程图

路由模式部署特点如下：①路由模式（无冗余结构）故障恢复慢，不支持 bypass，恢复时需要重新修改静态路由；②路由模式（冗余结构）故障恢复速度快，恢复时不需要修改任何配置；③路由模式支持非对称路由。

路由模式部署条件是：①WAF 设备开机后正常运行，WAF 需要做两条默认路由，分别到路由器和核心交换机（无冗余结构）；②WAF 和路由器分别配置 BGP 动态路由器并建立邻居关系，同时 WAF 需要做一条到另一台路由的静态路由（冗余结构）；③确保 WAF 和 Web 服务器的连通性。

（6）桥模式。桥模式支持透明串接部署方式。串接在用户网络中，可实现即插即用，无需用户更改网络设备与服务器配置。桥模式是真正意义上的透明模式，继承了 IPS 模式的透明工作机制和代理模式的防护能力，工作时将流量复制一份到硬件缓存中进行分析，而不必像代理模式那样需要对 TCP 进行拆解。

如图 4-15 所示，桥模式将 WAF 部署在核心交换机与接入交换机之间，防护连接到接入交换机的网站服务器。桥模式的部署方式和透明代理的部署方式是一样的。

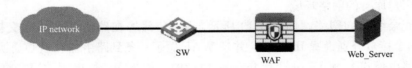

图 4-15 桥模式示意图

桥模式部署特点是：①桥模式是真正意义上的透明，不会更改数据包任何内容，如源 MAC、源端口、TCP 序列号、HTTP 协议版本等内容，所以不会存在代理模式中的长短连接、健康检查、端口安全、协议不兼容等问题；②桥模式不跟踪 TCP 会话，可支持路由不对称环境；③可支持添加网段式防护站点，如 192.168.0.0/24.0.0.0.0/0。

桥模式不支持部分功能，如缓存压缩、智能防护、自学习建模、日志审计等功能；对服务器响应包的内容不检测；防护能力不如透明代理，可能会存在漏报现象。

（7）网关模式。网关模式是指 WAF 可实现对多台服务器流量负载均衡，部署时需要将服务器网关映射到 WAF。

网关模式如图 4-16 所示，将 WAF 串接在服务器前端，WAF 抢占公网 IP，并将服务器网关指向到 WAF 的内网地址上。

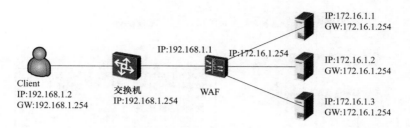

图 4-16　网关模式示意图

客户端先访问到 WAF 的公网 IP 上，WAF 对数据包进行检查。检查时先匹配白名单规则模块，白名单规则模块检查无异常后，再转给黑名单特征模块检查；再检查无异常后，WAF 再将流量负载均衡到后端实际网站服务器。

WAF 在将数据包代理转发时会更改部分报文内容，如客户端源 IP，对应用层报文内容不作更改。

（8）WAF 几种部署模式的优缺点。

1）透明代理模式（也称网桥代理模式）对网络的改动最小，可以实现零配置部署。另外通过 WAF 的硬件 Bypass 功能，在设备出现故障或者掉电时可以不影响原有网络流量，只是 WAF 自身功能失效。缺点是网络的所有流量（HTTP 和非 HTTP）都经过 WAF，对 WAF 的处理性能有一定要求；采用该工作模式，无法实现服务器负载均衡功能。

2）反向代理模式需要对网络进行改动，配置相对复杂，除了要配置 WAF 设备自身的地址和路由外，还需要在 WAF 上配置后台真实 Web 服务器的地址和虚地址的映射关系。另外，如果原来的服务器地址就是全局地址（没经过 NAT 转换），那么通常还需要改变原有服务器的 IP 地址以及原有服务器的 DNS 解析地址。该模式的优点是可以在 WAF 上同时实现负载均衡。

3）路由代理模式需要对网络进行简单改动，要设置该设备内网口和外网口的 IP 地址以及对应的路由。工作在路由代理模式时，可以直接作为 Web 服务器的网关，但是存在单点故障问题，同时也要负责转发所有的流量。这种工作模式也不支持服务器负载均衡功能。

4）端口镜像模式不需要对网络进行改动，但是它仅对流量进行分析和告警记录，并不会对恶意的流量进行拦截和阻断，适合于刚开始部署 WAF 时，用于收集和了解服务器被访问和被攻击的信息，为后续在线部署提供优化配置参考。这种工作模式，对原有网络不会有任何影响。

4．WAF 防护配置

完成组网搭建和配置后，下一步要对 WAF 的相关业务进行配置，通过策略的配置和开启，对外部的非法入侵、漏洞攻击、网页篡改等一些违规的操作进行防护，以保护服务器资源的安全。模式确定之后，安全策略的配置步骤包括建立被保护服务器组、建立策略、将策略关联到被保护服务器组三部分。WAF 配置流程如图 4-17 所示。

（1）配置保护对象—保护站点。新增保护站点可通过两种方式实现。第一种方式是直接新增保护站点（见图 4-18），同时用户需核对选用的策略正确之后将站点保存，完成站点部署。一般建议将长连接启用，不建议开启访问审计，因为会占用大量磁盘空间。

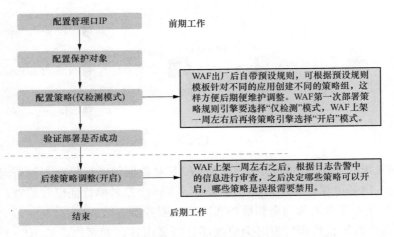

图 4-17　WAF 配置流程图

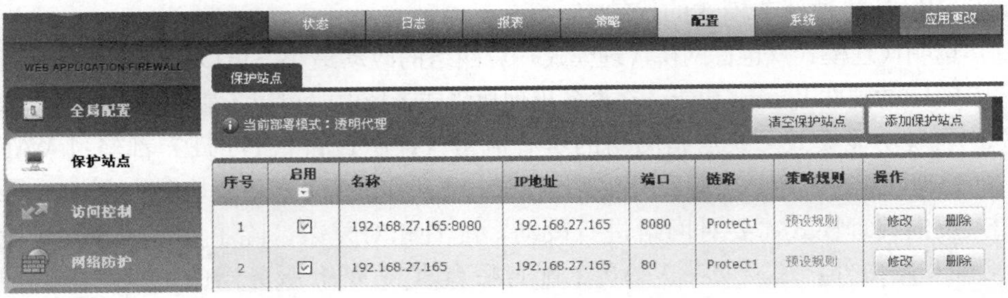

序号	启用	名称	IP地址	端口	链路	策略规则	操作	
1	☑	192.168.27.165:8080	192.168.27.165	8080	Protect1	预设规则	修改	删除
2	☑	192.168.27.165	192.168.27.165	80	Protect1	预设规则	修改	删除

图 4-18　保护站点配置图一（直接新增）

第二种方式是可通过站点自动侦测的方式添加（见图 4-19），WAF 在透明直连部署模式下才有站点侦测功能，其他部署模式下不具备该功能。同时，站点侦测功能在公网环境中不建议使用，因为开启此功能并禁用忽略外网 IP 保护站点后，会学习大量内网访问公网的流量，影响自学习效果。侦测完成后，查看服务器列表，确认需要防护的 Web 服务器。

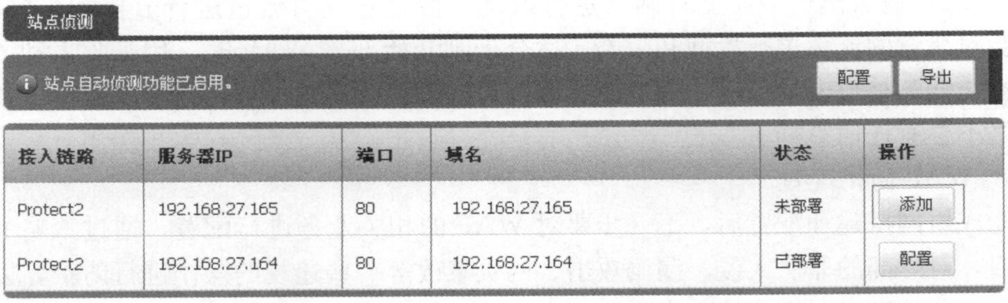

接入链路	服务器IP	端口	域名	状态	操作
Protect2	192.168.27.165	80	192.168.27.165	未部署	添加
Protect2	192.168.27.164	80	192.168.27.164	已部署	配置

图 4-19　保护站点配置图二（自动侦测添加）

（2）策略配置。WAF 出厂时自带预设规则，根据预设规则模板针对不同的应用创建不同的策略组（见图 4-20），方便后期维护调整。用户可创建系统默认规则实现快速配置，具体规则配置可参考相应的产品配置手册。

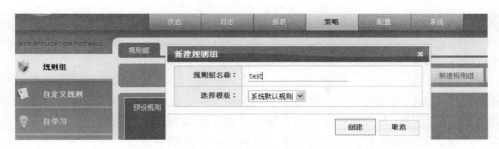

图 4-20　策略配置图

（3）验证部署。完成配置后，需要验证 WAF 是否部署成功。使用客户端访问被保护对象，检查是否访问正常。使用 IE 浏览器模拟攻击（如 http://www.test.com/index.asp？id＝1 and 1＝1，将 www.test.com 替换成被保护站点），然后查看 WAF 是否有攻击日志，如图 4-21 所示。

图 4-21　验证部署配置图

4.5.4　APT 威胁分析系统

APT 威胁分析系统可有效检测通过网页、电子邮件或其他在线文件共享方式进入网络的已知和未知的恶意软件，发现利用 0day 漏洞的 APT 攻击行为，保护客户网络免遭 0day 等攻击造成的各种风险，如敏感信息泄露、基础设施破坏等。

4.5.4.1　APT 威胁分析系统特点

（1）具备未知威胁检测能力。高级可持续性威胁，往往是有组织的黑客团体，对具备较高经济、科技、军事等价值的目标的持续攻击。从攻击方式上看，多采用定制化的攻击工具（木马、后门等恶意软件），其中还会使用零日漏洞。传统的安全检测体系很难有效发现这样的攻击，新的监测系统应针对这种情况，需要可以检测零日漏洞、未知木马等未知威胁的能力。

（2）基于动态检测技术，不依赖传统签名技术。要达到未知威胁检测的目的，不能依赖传统的签名检测技术。签名检测技术依靠对已知攻击特征或漏洞特征的收集，而高级可持续威胁在危害大规模爆发前，是没有攻击样本的。先进的动态检测技术，即基于沙箱虚拟执行的方式，可以根据软件在虚拟环境中的代码行为特征进行实时分析，来判断是否存在攻击特征。这种检测方式不需庞大的检测签名库，同时检测已知和未知威胁，并且可以防止各种针对静态检测的逃避技术，是高级可持续威胁监测最有效的技术。

（3）微乎其微的误报。检测系统及时发现各种威胁，并产生报警，而威胁的消除则需要后续安全人员的响应。为了保障安全响应的及时、有效，监测系统就必须保证极低的误报率，假设存在大量的误报，则宝贵的资源和时间有可能就消耗在对误报事件的处理当中，而真实的威胁利用这个时间差，就有可能对信息系统造成巨大的损害。

（4）详尽的报警信息。为了有效地进行安全响应，还需要监测系统能够提供详尽的报警信息，使响应的安全人员可以有的放矢地开展工作。具体的报警信息可以包括：是否修改了注册表，是否新建了进程，是否尝试对外连接命令与控制服务器，是否会直接感染其他机器，等等。系统应设法监测恶意软件是否有上述的活动，并作为报警的一部分输出给安全管理员。

（5）开放 API 服务。APT 威胁分析系统对外提供开放的应用开发接口 API。通过应用开发接口，可以与用户现有安全产品进行集成。APT 威胁分析系统作为未知威胁的分析中心，终端、网络、邮件、web 等多个安全设备或系统可以集成 APT 威胁分析系统可疑文件分析能力。第三方设备可以提交文件或 URL，经过 APT 威胁分析系统的引擎分析后，获取分析结果，第三方设备再根据此结果进行操作，如放行或者禁止等。

（6）集成已知威胁检测技术。攻击和监测的对抗是一个复杂的过程，应该考虑到多种可能的攻击方式。监测系统也应该考虑到在攻击者通过没有部署监测系统的路径进入网络中后，如何及时地发现攻击。这就需要更多的检测技术，例如利用 AV 检测技术，来发现可能的木马控制流量、已知的隐秘信道传输等。总体来说，未知威胁技术是高级可持续威胁监测系统必要的组成部分，它有可能弥补动态检测的不足之处，形成更完备的安全监测体系。

APT 威胁分析系统通常采用多核、虚拟化平台，通过并行虚拟环境检测及流处理方式达到更高的性能和更高的检测率。APT 威胁分析系统如图 4-22 所示，共有四个核心检测组件，即信誉检测引擎、病毒检测引擎、静态检测引擎（包含漏洞检测及 shellcode 检测）和动态沙箱检测引擎。通过多种检测技术的并行检测，在检测已知威胁的同时，可以有效检测 0day 攻击和未知攻击，进而能够有效地监测高级可持续威胁。

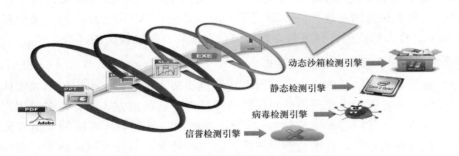

图 4-22　APT 威胁分析系统核心检测组件

4.5.4.2　APT 威胁分析系统主要功能

（1）多种应用层及文件层解码。从高级可持续威胁的攻击路径上分析，绝大多数的攻击来自于 Web 冲浪、钓鱼邮件以及文件共享，基于此监测系统提供以上相关的应用协议的解码还原能力，具体包括 HTTP、SMTP、POP3、IMAP、FTP。

为了更精确地检测威胁，监控系统考虑到高级可持续威胁的攻击特点，对关键文件类型进行完整的文件还原解析，系统支持以下文件解码：

1）Office 类：Word、Excel、PowerPoint…
2）Adobe 类：.swf、.pdf…
3）不同的压缩格式：.zip、.rar、.gz、.tar、.7z、.bz…
4）图片类：jpg、jpeg、bmp…

（2）独特的信誉设计。利用广阔的全球信誉，让检测更加高效、精准。当文件被还原出来后，首先进入信誉检测引擎，利用全球信誉库的信息进行一次检测，如果文件命中则提升在非动态环境下的检测优先级，但不放到动态检测引擎中进行检测；如有需求，可手动加载至动态检测引擎用以生成详细的报告。目前的信誉值主要有文件的 MD5、CRC32 值，该文件的下载 URL 地址、IP 等信息。

（3）集成多种已知威胁检测技术。系统为更全面地检测已知、未知恶意软件，同时内置 AV 检测模块及基于漏洞的静态检测模块。

1）AV 模块采用启发式文件扫描技术可对 HTTP、SMTP、POP3、FTP 等多种协议类型的百万种病毒进行查杀，包括木马、蠕虫、宏病毒、脚本病毒等，同时可对多线程并发、深层次压缩文件等进行有效控制和查杀。

2）静态漏洞检测模块不同于基于攻击特征的检测技术，它关注攻击威胁中造成溢出等漏洞利用的特征，虽然需要基于已知的漏洞信息，但是检测精度高，并且针对利用同一漏洞的不同恶意软件，可以使用一个检测规则做到完整的覆盖。也就是说不但可以针对已知漏洞和恶意软件，对部分的未知恶意软件也有较好的检测效果。

（4）智能 ShellCode 检测。恶意攻击软件中具体的攻击实现是一段攻击者精心构造的可执行代码，即 ShellCode。一般是开启 Shell、下载并执行攻击程序、添加系统帐号等。由于通常攻击程序中一定会包含 ShellCode，所以可以用是否存在 ShellCode 作为监测恶意软件的依据。这种检测技术不依赖于特定的攻击样本或者漏洞利用方式，可以有效地检测已知、未知威胁。

需要注意的是，由于传统的 ShellCode 检测已经被业界一些厂商使用，因此攻击者在构造 ShellCode 时，往往会使用一些变形技术来规避。主要手段就是对相应的功能字段进行编码，达到攻击客户端时，解码字段首先运行，对编码后的功能字段进行解码，然后跳到解码后的功能字段执行。这样的情况下，简单的匹配相关的攻击功能字段就无法发现相关威胁了。

系统在传统 ShellCode 检测基础上，增加了文件解码功能，通过对不同文件格式的解码，还原出攻击功能字段，从而依然可以检测出已知、未知威胁。在系统中，此方式作为沙箱检测的有益补充，使系统具备更强的检测能力，提升攻击检测率。

（5）动态沙箱检测，也称虚拟执行检测，如图 4-23 所示，它通过虚拟机技术建立多个不同的应用环境，观察程序在其中的行为，来判断是否存在攻击。这种方式可以检测已知和未知威胁，并且因为分析的是真实应用环境下的真实行为，因此可以做到极低的误报率和较高的检测率。

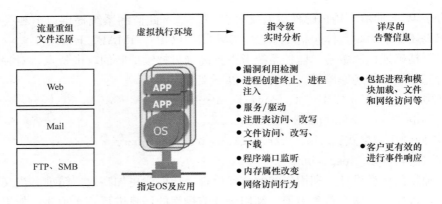

图 4-23　动态沙箱检测

检测系统具备指令级的代码分析能力，可以跟踪分析指令特征以及行为特征。指令特征包括了堆、栈中的代码执行情况等，通过指令运行中的内存空间的异常变化，可以发现各种溢出攻击等漏洞利用行为，发现 0day 漏洞。系统同时跟踪以下的行为特征，包括：进程的创建中止，进程注入；服务、驱动；注册表访问、改写；文件访问、改写、下载；程序端口监听；网络访问行为。

系统根据以上行为特征，综合分析找到属于攻击威胁的行为特征，进而发现 0day 木马等恶意软件。

系统发现恶意软件后，会持续观察其进一步的行为，包括网络、文件、进程、注册表等，作为报警内容的一部分输出给安全管理员，方便追查和审计。而其中恶意软件连接 C&C 服务器（命令与控制服务器）的网络特征也可以进一步被用来发现、跟踪 botnet 网络。

（6）完备的虚拟环境。目前典型的 APT 攻击多是通过钓鱼邮件、诱惑性网站等方式将恶意代码传递到内网的终端上，平台支持 http、pop3、smtp、imap、smb 等典型的互联网传输协议。受设备内置虚拟环境有限影响，会存在部分文件无法运行，内置静态检测引擎通过模拟 CPU 指令集的方式来形成轻量级的虚拟环境（见图 4-24），以应对以上问题。

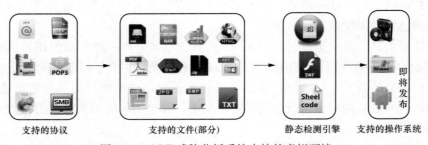

支持的协议　　　　支持的文件(部分)　　　　静态检测引擎　支持的操作系统

图 4-24　APT 威胁分析系统支持的虚拟环境

（7）多核虚拟化平台。系统设计在一台机器上运行多个虚拟机，同时利用并行虚拟机加快执行检测任务，以达到一个可扩展的平台来处理现实世界的高速网络流量，及时、有效地进行威胁监测。

通过专门设计的虚拟机管理程序来执行威胁分析的检测策略，管理程序支持大量并行的执行环境，即包括操作系统、升级包、应用程序组合的虚拟机。每个虚拟机利用包含的环境，识别恶意软件及其关键行为特征。通过这种设计，达到了同时多并发流量、多虚拟执行环境的并行处理，提高了性能及检测率。

4.5.5 统一数据保护与监控平台

统一数据保护与监控平台系统软件是通过在信息内网终端部署数据安全模块，实现对终端数据的敏感信息检索与识别；通过系统指纹标识生产技术，根据敏感信息的检索结果，将指纹标识嵌入至敏感数据文件中，从全面监测与跟踪指纹标识方面实现敏感数据的全生命周期管理，针对终端上的敏感数据文件和从业务系统上下载的文件实现文档加密、权限控制、外发控制和水印保护等功能，最终实现公司数据的全生命周期安全管控，保护数据在全生命周期的各个过程中的安全。

作为公司数据安全基础平台，统一数据保护与监控平台依据国资委《中央企业商业秘密信息系统安全技术指引》要求和公司数据保护安全需求进行研发和建设，包括终端数据保护安全模块、数据保护安全管理子系统、网络数据安全监测分析模块和数据保护安全监控分析系统。数据保护安全监控分析系统（总部部署）：实现对各单位终端、业务系统、网络边界、数据库中的数据安全事件、操作审计、安全合规等行为和状态监视，并进行全局分析和统一展现；负责公司总体数据安全保护策略（如安全监控策略）的下发；数据保护安全管理系统（试点单位部署）：负责将具体数据安全保护策略（如加密策略、打印策略等）下发至终端、数据库及网络数据安全模块，并通过数据总线收集业务系统、数据库、终端、网络边界的数据安全状态，进行数据操作审计；终端数据安全模块：负责终端、数据库、互联网出口数据安全防护。终端数据安全模块实现文档加密、权限控制、外发控制、水印保护等功能；网络数据安全监测模块：实现对网络边界传输的文件或数据安全审计及控制。

4.5.5.1 统一数据保护与监控平台工作原理

首先，建立敏感信息样本库。针对不同类型的数据可以采用不同的方式定义敏感信息和检测：无论是结构化格式的数据，还是非结构化数据。保密数据首先经业务或者系统管理员确认，然后由系统进行自动化的指纹识别。指纹识别过程包括系统接入和提取文本和数据，对其进行标准化并使用不可散列保护其安全。

其次，制定监视和防护策略。系统提供一种集中用户界面，用户可以从中快速方便地构建数据丢失策略。每种策略都是检测规则和响应规则的组合。违反一种或多种检测规则时，将生成事故。

最后，部署监视防护策略，检测敏感数据。在系统中创建或更新了指纹和策略后，它们被立即推送到网关设备的内存中（RAM），网关设备将扫描入局消息或文件、提取破解的内容、对此数据应用散列算法，然后将此散列数据与该服务器的 RAM 中包含的检测规则进行比较。当信息匹配成功后则自动采取阻拦、告警等防泄漏措施。

此类技术优点是无须在终端处安全装软件，其使用模式是在内网出口，即网关处安装内容过滤设备，这些设备可以分析 HTTP、POP3、FTP、即时通信等常见网络协议，并且对协议的内容进行分析及过滤，比较先进的设备可以识别出上百种文件格式。安全管理人员通过设置过滤规则和关键字过滤出关的内容，防止敏感数据的泄漏。

4.5.5.2 数据加密技术

国内主要通过加密和授权技术这种比较传统的数据防护技术，其主要理念是将数据的二级制存储转为密文，能够简单有效地解决数据的存储安全问题。加密类技术在数据安全防护领域中的应用可细分为如下四类：

（1）文件级加密技术。其原理主要是通过建立应用程序的进程和相应文件之间的关联来达到对特定文件数据加密的目的，通常采用内核级文件过滤驱动在操作系统底层对文件进行处理，其加解密过程对用户透明。文件级加密具有技术简单、开发周期短和用户接受度高的特点。但是，由于该技术的实现机制所限，决定了文件是否加密主要取决于应用程序和文件的关联关系，这导致安全系统与应用程序的具体实现密切相关，对于用户环境的兼容性较差，甚至有可能出现数据被破坏的情况。

（2）磁盘级加密技术。其通过在磁盘读写时对磁盘扇区进行加解密来实现，由于避开了文件读写的处理，该技术避免了与应用程序相关的限制。采用该技术的数据防泄漏方案以 Windows Vista 中集成的 BitLocker 为代表。但是，单一的磁盘加密技术主要适用于被动泄密防护需求，无法防止通过网络和其他途径的主动泄密行为，这一弱点极大地限制了磁盘级加密技术在数据防泄漏方面的应用。

（3）硬件级加密技术。该技术直接由数据的存储设备提供加密的特性，最具备代表性的是希捷"DriveTrust"技术。DriveTrust 利用硬盘与计算机系统中其他组件完全隔离的特点，提供基于硬件安全功能的加密平台。在系统或硬盘丢失、被盗、被废弃或转售时，采用"DriveTrust"技术的硬盘可以有效防止未经授权访问其中存储的数据。但是这类技术的弱点与磁盘级加密技术相同，无法有效防止通过网络等途径的主动泄密行为。

（4）网络级加密技术。该技术通常与其他加密技术结合使用，用于保障数据在网络传输时的安全。根据实现层次可以分为网络层的 IPSec VPN、应用层的 SSL VPN、专用 IP 数据包格式变换等。由于此类技术无法对通过存储介质传递的数据进行保护，因此通常不能作为完整的数据防泄漏解决方案，而需要与其他技术结合使用。

目前公司针对数据保密需求已经开展了相关研究工作，但相关标准不统一、技术路线不一致、应用场景不相同，无法满足对数据全局化、整体化的保护要求。所以需根据对数据安全保护的需求，实现统一数据安全保护、分类检测和分级保护，从数据产生、操作、传输、存储、销毁的全周期过程考虑，以确保数据在各个过程方便应用为基本原则，构建统一数据保护与监控基础平台，保证数据在全生命周期过程中的安全，实现数据防泄漏，从而完善数据安全防护措施，提升数据安全防护水平。

4.5.6　信息外网安全监测系统

4.5.6.1　信息外网安全监测系统构成

信息外网安全监测系统（ISS）是以信息内外网边界安全监测系统（SMS）系统为基础，增加对外网出口流量、对外网站和个人终端的监测，形成以边界监测（SMS）、网络分析、病毒木马、桌面终端为四大模块的信息外网安全监测系统（ISS），实现对个人终端安全、邮件敏感信息、对外网站攻击、上网行为管理及病毒木马检测等情况的集中分析与展现。系统监测了全公司范围 100 多个互联网出口的安全攻击与非正常访问情况，日均监测并阻截外网边界企图对公司信息系统实施破坏的网络入侵、远程控制、网页篡改、网络堵塞等高风险恶意攻击 2000 余次，在各类重要时期网络与信息安全保障工作中发挥了关键作用。

信息外网安全监测系统主要分为边界监测（SMS）子系统、网络分析子系统、病毒木马子系统、桌面终端子系统。

（1）边界监测（SMS）子系统采用纯软件技术，通过部署在信息外网各个 Internet 出口处的日志采集层软件，将各种网络出口以及信息外网各边界处的各类安全设备的日志进行统一采集，并经过日志预处理上传到公司总部开展相关分析。同时以网省公司（直属单位）为基本单元，每个单位部署一套实时展现与分析工具，实现对各种安全日志事件的分层分析。

（2）网络分析子系统通过旁路模式分析各信息外网出口镜像数据，实时监测出口使用情况及正在发生的互联网访问行为、网站攻击、邮件敏感字等事件。

（3）病毒木马子系统通过旁路模式分析各信息外网出口镜像数据，实时监测互联网感染病毒木马情况。

（4）桌面终端子系统展示各单位外网桌面终端注册率，防病毒软件安装情况。

4.5.6.2　安全事件防护

目前国家电网公司安全事件主要集中在网站攻击、病毒木马、邮件敏感字和安全威胁四个方面，针对这四大安全问题，提供以下相关处理建议。

（1）网站攻击处理。当受到网站攻击时，攻击事件详细日志信息会存储在对应出口 SMS 采集服务器中，各单位可通过登录 SMS 采集服务器导出详细日志并进行问题排查；发生网站攻击时，可通过安全设备对查出的源 IP 进行访问限制，拒绝该 IP 的持续行为。

（2）病毒木马处理。当单位爆发病毒木马时，可登录各单位病毒木马系统页面中的"日志搜索"中查询具体病毒木马事件的源 IP、目的 IP、具体类型及行为等。发生病毒木马事件时需及时对爆发病毒木马的机器进行断网排查，以免感染网内其他计算机。

（3）邮件敏感字处理。当发现单位邮件中存在敏感信息时，单位可通过 ISS 页面所展示的发件人 IP 进行具体邮件查询，同时可联系项目组通过后台数据进行协助查询。可对基于 SMTP 协议发送邮件的行为进行排查，通过邮件网关等设备限制邮件特定的敏感字，同时限制对非 SGCC 的外网邮箱使用。

（4）安全威胁处理。当出现大量安全威胁事件时，可登录本单位 SMS 系统进行具体事件查询。安全威胁为该单位安全设备已经拦截的高危安全事件，安全威胁数量急剧增加说明本单位有设备正遭受攻击但被拦截，单位应及时做好系统巡检并加强监控力度，以防止安全事件发生。

4.5.6.3　信息外网安全监测系统关键技术

（1）实时流量分析技术。对互联网边界的网络流量进行实时捕获拆解。根据不同的协议特征进行还原，对流量中各种基础信息进行细致分析。

（2）敏感信息检测技术。依据实时流量分析提供的基础数据，结合敏感字库信息，对网络中传输的邮件、文件等包含的敏感信息进行审计。

（3）网站攻击检测技术。依据实时流量分析提供的基础数据，结合网站攻击行为特征库，对网络中各类针对网站攻击的事件进行发现和预警。

（4）病毒木马检测技术。依据实时流量分析提供的基础数据，结合系统提供的病毒木马特征库，对网络中所发生的病毒和木马事件进行发现和预警。

总之，ISS 系统主要功能是对采集的数据进行分析和展示；通过采集外网各边界处的各类安全设备的日志进行分析处理；进一步加强了国家电网公司信息外网出口安全防护。

4.6 网络与信息安全漏洞分析

4.6.1 常见漏洞简介

常见的十大漏洞有 Active MQ 远程代码执行漏洞、IIS 写权限漏洞、JAVA 反序列化漏洞、Memcached 未授权访问漏洞、Redis 未授权访问漏洞、SQL 注入漏洞、Struts2 漏洞、Weblogic UDDI SSRF 漏洞、XSS 漏洞和文件上传漏洞。

4.6.1.1 Active MQ 远程代码执行漏洞

（1）漏洞简介。ActiveMQ 由 Apache 出品，是最流行的、能力强劲的开源消息总线。ActiveMQ 是一个完全支持 JMS1.1 和 J2EE 1.4 规范的 JMS Provider 实现，尽管 JMS 规范出台已经是很久的事情了，但是 JMS 在当今的 J2EE 应用中仍然扮演着特殊的地位。

（2）漏洞成因。这个漏洞的严重风险在于，攻击者可以利用 system 用户权限，在利用浏览器对服务器访问时，通过构建的脚本执行代码，发送各种 http 请求，创建文件并执行任意代码。

（3）漏洞危害。Active MQ Web 程序存在多个安全漏洞，可使远程攻击者用恶意代码替代 Web 应用，在受影响系统上执行远程代码。

（4）受影响系统。Apache Group ActiveMQ 5.0.0-5.13.2。

（5）检测方式。绿盟 RSAS 系统可以扫描出该漏洞。步骤如下：

第一步：选取漏洞模板，然后点击添加，见图 4-25。

图 4-25 选取漏洞模板，点击添加

第二步：点击之后检索漏洞关键字，见图 4-26。

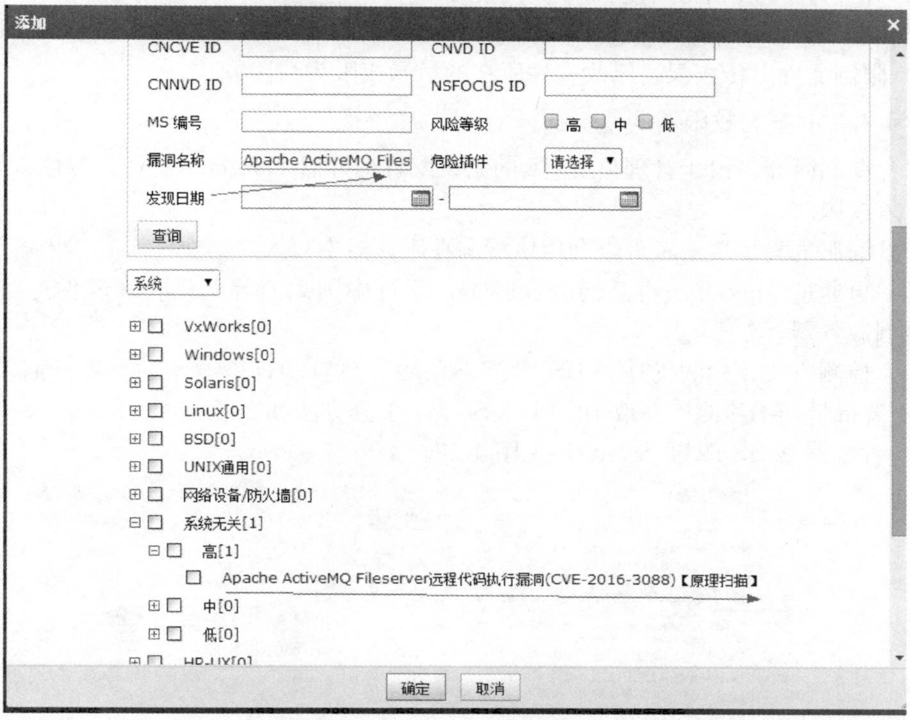

图 4-26　检索漏洞关键字

第三步：点击确定，新建模板成功，新建任务，见图 4-27。

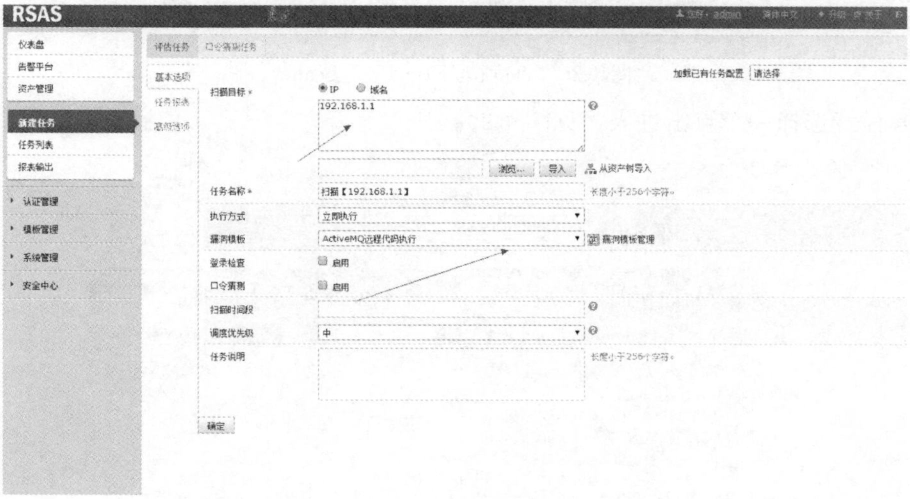

图 4-27　新建任务

第四步：点击确定之后执行扫描任务，扫描结果可以在任务列表中查看。

(6) 修复方法。

1) 升级补丁包，最有效最简单。网址：

http://activemq.apache.org/security-advisories.data/CVE-2016-3088-announcement.txt

2) 限制文件上传权限，修改文件所在的目录权限为只读方式。

4.6.1.2 IIS 写权限漏洞

（1）漏洞简介。由于管理员对 IIS 的错误配置：开启了 webdav；网站权限配置里开启了写入权限。

（2）漏洞危害。攻击者可以利用该漏洞在服务器中写入文本文件，文本内容为一句话木马，再通过 copy 方法将其转变成脚本，通过中国菜刀等网站管理软件进行连接，进而控制服务器。

（3）检测方式。检测工具是 IIS PUT Scaner，可自动化检测网站是否开启了 webdav，支持批量扫描检测。获取 IIS PUT Scaner 工具方法如下：

1) 百度搜索 IIS PUT Scaner，见图 4-28。

图 4-28　百度搜索 IIS PUT Scaner

2) 任意选择一个点击进入，见图 4-29。

图 4-29　任意点击进入

3）选择一个线路进行下载、保存，见图 4-30。

图 4-30　下载、保存

4）解压后运行软件主程序，软件界面如图 4-31 所示。

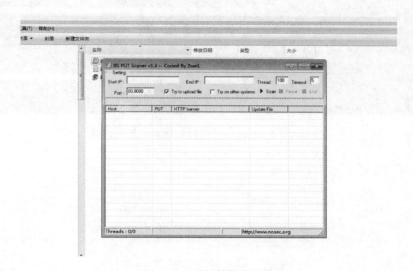

图 4-31　运行软件主程序

5）在火狐浏览器中打开目标站点，右击后打开查看元素，然后点击网络项，重新载入后，点击状态码为 200 的文件，在消息头处进行重新编辑，请求方法换成 options。若返回信息中 allow 包含 OPTIONS，TRACE，GET，HEAD，DELETE，COPY，MOVE，PROPFIND，PROPPATCH，SEARCH，MKCOL，LOCK，UNLOCK 等方法，可确定开启了 webdav。

6）利用 IIS 写权限工具验证是否可成功写入文件。先在本地建立一个文本文件，内容为 test，请求方法选择 put，填入网站地址，右侧填入所要上传的路径及其文件名。再点击提交数据包。提交完成后，在浏览器中输入所传文件地址查看是否上传成功。若文件存在，则证明漏洞存在。

（4）修复方法。

1）在控制面板里找到管理工具选项，再找到 IIS 管理器选项，进入后，点击 Web 服务扩展，点击禁止 WebDAV。

2）在 IIS 管理器界面，点开网站文件夹，右击下面的默认网站选项，点击权限，在 internet 来宾帐户中，勾去写入权限，只保留读取权限。

（5）实例演示。

1）首先利用 zoomeye 进行 IIS 6.0 系统检索，如图 4-32 所示。

图 4-32　利用 zoomeye 进行 IIS 6.0 系统检索

2）选择一个进行点击，见图 4-33。

图 4-33　选择点击

a）接着测试是否开启了 webdav。利用火狐审查元素向站点发送 option 包，检测结果如图 4-34 所示。

由图 4-34 可见，此站开启了 webdav。

b）利用 IIS 写权限工具对其写入文件，见图 4-35。

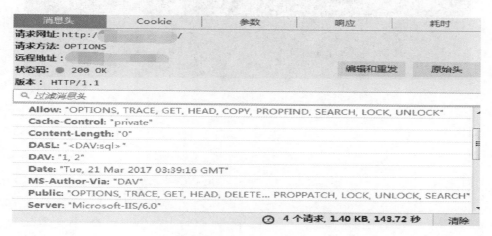

图 4-34　检测结果

图 4-35　利用 IIS 写权限工具写入文件

c）再利用 move 方法将 txt 的文件修改为 asp 的文件，从而可以将文件变成可执行的脚本文件，见图 4-36。

d）尝试用菜刀连接，结果如图 4-37 所示。

以上是对 IIS 写权限漏洞的一个简单利用，导致服务器沦陷，说明此漏洞危害性巨大。

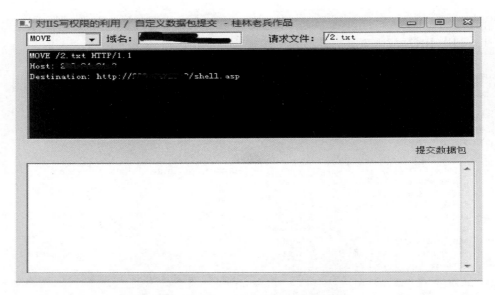

图 4-36　将 txt 文件修改为 asp 文件

图 4-37　用菜刀连接

4.6.1.3　java 反序列化漏洞

（1）漏洞简介。序列化就是把对象转换成字节流，便于保存在内存、文件、数据库中；反序列化即逆过程，由字节流还原成对象。如果 Java 应用对用户输入，即不可信数据做了反序列化处理，那么攻击者可以通过构造恶意输入，让反序列化产生非预期的对象，非预期的对象在产生过程中就有可能带来任意代码执行。

（2）漏洞成因。由于对类 ObjectInputStream 在反序列化时，没有对生成的对象的类型做限制，导致远程执行代码。

（3）漏洞危害。这个漏洞的风险在于，即使代码里没有使用到 Apache Commons Collections 里的类，只要 Java 应用的 Classpath 里有 Apache Commons Collections 的 jar 包，都可以远程代码执行。攻击者可以利用该漏洞执行任意系统命令，导致服务器沦陷，引发数据泄露、网页篡改、植入后门、成为肉鸡等安全事件。

（4）检测方式。

1）利用 java 反序列化利用工具检测验证。利用 java 反序列化利用工具，输入 url，再输入系统命令 ipconfig。

检测结果如图 4-38 所示。

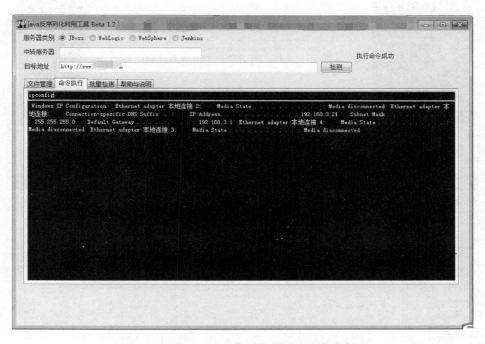

图 4-38　利用 java 反序列化利用工具检测验证

由图 4-38 可见，此站存在 java 反序列化远程代码执行漏洞。

2）绿盟 RSAS 系统可以扫描出漏洞，步骤如下：

第一步：新建反序列化漏洞模板，见图 4-39。

第二步：新建任务，使用反序列化模板，见图 4-40。

（5）修复方法。将 Apache Commons Collections 升级到最新的 3.2.2 版本（百度搜索 apache 官网，下载最新 3.2.2 版本，更新过程请运维人员或者厂商协助）。

4.6.1.4　Memcached 未授权访问漏洞

（1）漏洞简介。由于 memcached 安全设计缺陷，客户端连接 memcached 服务器后无需认证就可读取、修改服务器缓存内容。

（2）漏洞危害。除 memcached 中数据可被直接读取泄露和恶意修改外，由于 memcached 中的数据像正常网站用户访问提交变量一样会被后端代码处理，当处理代码存在

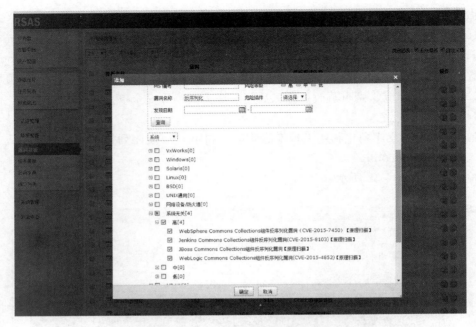

图 4-39　新建反序列化漏洞模板

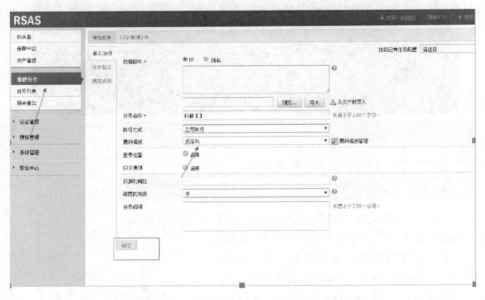

图 4-40　新建任务，使用反序列化模板

缺陷时会再次导致不同类型的安全问题。不同的是，在处理前端用户直接输入的数据时一般会接受更多的安全校验，而从 memcached 中读取的数据则更容易被开发者认为是可信的，或者是已经通过安全校验的，因此更容易导致安全问题。由此可见，导致的二次安全漏洞类型一般由 memcached 数据使用的位置（XSS 通常称之为 sink）的不同而不同，如：

1）缓存数据未经过滤直接输出可导致 XSS。

2）缓存数据未经过滤代入拼接的 SQL 注入查询语句可导致 SQL 注入。

3）缓存数据存储敏感信息（如用户名、密码），可以通过读取操作直接泄露。

4）缓存数据未经过滤直接通过 system（）、eval（）等函数处理可导致命令执行。

5）缓存数据未经过滤直接在 header（）函数中输出，可导致 CRLF 漏洞（HTTP 响应拆分）。

（3）检测方式。

1）登录机器执行 netstat-an｜more 命令查看端口监听情况，回显 0.0.0.0：11211 表示在所在网卡进行监听，存在 memcached 未授权访问漏洞。

2）Telnet＜target＞11211，或 nc-vv＜target＞11211，提示连接成功则表示漏洞存在。

3）用 nmap 进行远程扫描，nmap-sV-p11211-script memcached-info＜target＞。

4）用绿盟 RSAS 远程评估系统检测，如图 4-41 所示。

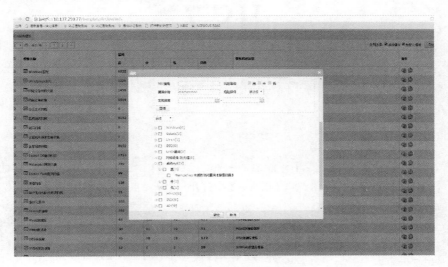

图 4-41　用绿盟 RSAS 远程评估系统检测漏洞

（4）修复方法。

1）配置 memcached 监听本地回环地址 127.0.0.1

［root@local～］＃vim/etc/sysconfig/memcached

OPTIONS＝"－l127.0.0.1"＃设置本地为监听

［root@local～］＃/etc/init.d/memcached restart ＃重启服务

2）当 memcached 配置为监听内网 IP 或者公网 IP 时，使用主机防火墙（iptables、firewall 等）和网络防火墙对 memcached 服务端口进行过滤。

（5）实例演示。

1）首先用 zoomeye 找一个测试站点，如图 4-42 所示。

2）任意选择一个站点，在新标签页里打开，见图 4-43。

3）接着测试是否能通过 11211 端口 telnet 上去，见图 4-44。

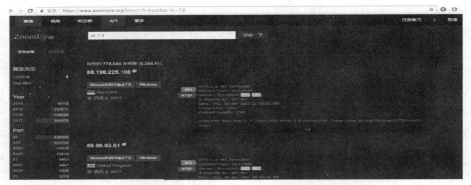

图 4-42　用 zoomeye 找一个测试点

图 4-43　在新标签中打开一个新站点

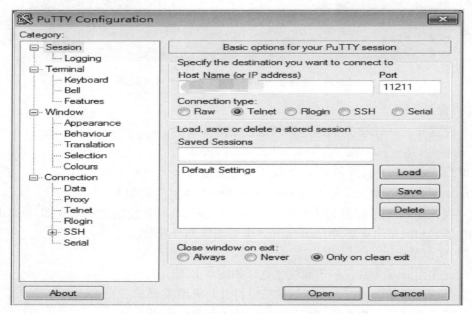

图 4-44　测试能否通过 11211 端口 telnet 上去

4）最后测试结果如图 4-45 所示。

图 4-45　测试结果

由图 4-45 可见，此站存在 memcached 未授权访问漏洞。

4.6.1.5　Redis 未授权访问漏洞

（1）漏洞简介。Redis 默认情况下，会绑定在 0.0.0.0：6379，这样将会将 Redis 服务暴露到公网上。在没有开启认证的情况下，可导致任意用户在可以访问目标服务器的情况下未授权访问 Redis 以及读取 Redis 的数据。攻击者在未授权访问 Redis 的情况下可以利用 Redis 的相关方法，成功在 Redis 服务器上写入公钥，进而可以使用对应私钥直接登录目标服务器。

（2）漏洞成因。因为运维人员的疏忽等原因，部分 Redis 绑定在 0.0.0.0：6379，并且没有开启认证（这是 Redis 的默认配置）。如果没有采用相关的策略，如添加防火墙规则避免其他非信任来源 ip 访问等，将会导致 Redis 服务直接暴露在公网上，导致其他用户可以在非授权情况下直接访问 Redis 服务并进行相关操作。

（3）漏洞危害。

1）数据库数据泄露。Redis 作为数据库，保存着各种各样的数据，如果存在未授权访问的情况，将会导致数据的泄露，其中包含保存的用户信息等。

2）敏感信息泄露。通过 Redis 的 INFO 命令，可以查看服务器相关的参数和敏感信息，为攻击者的后续渗透做铺垫。

3）代码执行。Redis 可以嵌套 Lua 脚本的特性将会导致代码执行，危害同其他服务器端的代码执行，一旦攻击者能够在服务器端执行任意代码，攻击方式将会变得多样且复杂，这是非常危险的。通过 Lua 代码攻击者可以调用 redis.sha1hex（）函数，恶意利用 Redis 服务器进行 SHA-1 的破解。

（4）检测方式。redis desktop manager 工具直接输入地址和 6379 端口后连接，若

是能查到数据库相关信息，则漏洞存在。获取 redis desktop manager 工具大致步骤
如下：

1）百度 redis desktop manager，如图 4-46 所示。

图 4-46　百度 redis desktop manager

2）下载对应系统版本，见图 4-47。

图 4-47　下载 redis desktop manager 对应版本

3）下载并将其保存，见图 4-48。

4）打开软件，见图 4-49。

5）点击左下角 connect to Redis server，填入地址及其端口，见图 4-50。

（5）实例演示。

1）利用 zoomeye 或者 shodan 检索 port：6379（见图 4-51），任意找一个主机地址
进行测试。

2）点开其中一个主机，右侧有 Redis 版本等相关信息，见图 4-52。

3）打开 redis desktop manager 工具，输入主机地址和默认端口，见图 4-53。

4）输入主机地址及其名称后，选择默认端口号：6379，点击 OK 连接，返回结果
如图 4-54 所示。

由图 4-54 可见，此站存在 redis 未授权访问漏洞。

图 4-48 下载并保存 redis desktop manager

图 4-49 打开 redis desktop manager

（6）修复方法。主要有以下五种。

1）网络加固。绑定 127.0.0.1，redis 默认监听在 127.0.0.1 上，如果仅仅是本地通信，请确保监听在本地。这种方式缓解了 redis 的风险。在/etc/redis/redis.conf 中配置如下：

图 4-50　填入地址及其端口

图 4-51　利用 shodan 检索 port：6379

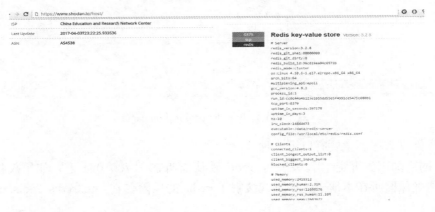

图 4-52　点开一个主机

图 4-53 输入主机地址和默认端口

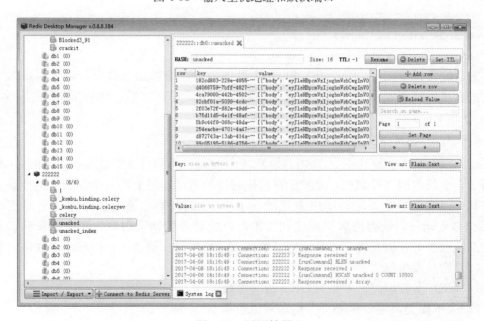

图 4-54 返回结果

bind127.0.0.1

2）设置防火墙。如果需要其他机器访问，或者设置了 slave 模式，需添加相应的防火墙设置。命令如下：

iptables-AINPUT-sx.x.x.x-ptcp--dport6379-jACCEPT

3）添加认证。redis 默认没有开启密码认证，打开/etc/redis/redis.conf 配置文件，（requirepass 密码）可设置认证密码，保存 redis.conf，重启 redis（/etc/init.d/redis-serverrestart）之后，需要执行（auth 密码）。示例如下：

```
root@kali:~#redis-cli-h192.168.10.212
redis192.168.10.212:6379&gt;keys *
(error)ERR operation notpermitted
redis192.168.10.212:6379&gt;auth@nsF0cus! @#
OK
```

4）设置单独帐户。设置一个单独的 redis 帐户：创建一个 redis 帐户，通过该帐户启动。示例如下：

```
setsid sudo-uredis/usr/bin/redis-server/etc/redis/redis.conf'
```

5）重命名重要命令。由于 redis 没有做基本的权限分离，无管理账号和普通账号之分，导致攻击者登录后可执行任意操作，因此需要隐藏重要命令，例如：

```
FLUSHDB,FLUSHALL,KEYS,PEXPIRE,DEL,CONFIG,SHUTDOWN,BGREWRITEAOF,BGSAVE,
SAVE,SPOP,SREM,RENAME,DEBUG,EVAL'。
```

其中在 redis2.8.1 和 Redis3.x（<3.0.2）存在有 eval 沙箱逃逸漏洞，攻击者利用漏洞可执行任意 lua 代码。设置方法如下，编辑 redis.conf 文件：

```
rename-command CONFIG""
rename-command flushall""
rename-command flushdb""
rename-command shutdown shutdown_dvwa
```

上述配置将 config、flushdb、flushall 设置为空，即禁用该命令。也可以命名为一些攻击者难以猜测，用户自己却容易记住的的名字。保存之后，执行/etc/init.d/redis-server restart 重启生效。

4.6.1.6　SQL 注入攻击漏洞

（1）漏洞简介。SQL 注入攻击（SQL Injection）简称注入攻击、SQL 注入，被广泛用于非法获取网站控制权，是发生在应用程序的数据库层上的安全漏洞。由于在设计程序时，忽略了对输入字符串中夹带的 SQL 指令的检查，被数据库误认为是正常的 SQL 指令而运行，从而使数据库受到攻击，可能导致数据被窃取、更改、删除，甚至执行系统命令等，以及进一步导致网站被嵌入恶意代码、被植入后门程序等危害。

（2）常见发生位置：

1）URL 参数提交，主要为 GET 请求参数。

2）表单提交，主要是 POST 请求，也包括 GET 请求。

3）Cookie 参数提交。

4）HTTP 请求头部的一些可修改的值，比如 Referer、User_Agent 等。

5）一些边缘的输入点，如.mp3、图片文件的一些文件信息等。

（3）危害性。SQL 注入的危害不仅体现在数据库层面上，还有可能危及承载数据库的操作系统；如果 SQL 注入被用来挂马，还可能用来传播恶意软件等，这些危害包括但不局限于：

1）数据库信息泄漏：数据库中存放的用户隐私信息的泄露。作为数据的存储中心，数据库里往往保存着各类的隐私信息，SQL 注入攻击能导致这些隐私信息对攻击者透明。

2）网页篡改：通过操作数据库对特定网页进行篡改。

3）网站被挂马，传播恶意软件：修改数据库一些字段的值，嵌入网马链接，进行挂马攻击。

4）数据库被恶意操作：数据库服务器被攻击，数据库的系统管理员帐户被篡改。

5）服务器被远程控制，被安装后门：经由数据库服务器提供的操作系统支持，让黑客得以修改或控制操作系统。

6）破坏硬盘数据，令全系统瘫痪。

（4）检测方式。

1）利用常规 web 扫描器 burpsuite、Awvs、IBM appscan、HP WebInspect 等扫描发现。

2）绿盟 RSAS 检测。

3）利用自动化测试工具 sqlmap、穿山甲、胡萝卜等工具验证。

（5）SQL 注入分类。大体上 SQL 注入可分为数字型和字符型两类。

1）数字型。当输入参数为整型时，如 ID、年龄、页码等，如果存在注入漏洞，则可以认为是数字型注入，假设存在 url：www. test. com/test. php? id＝2，可以猜测 sql 语句为：Select * from table where id＝2

测试步骤如下：

第一步：url：www. test. com/test. php? id＝3'

sql 语句为 Select * from table where id＝3'，语句出错，无法正常获取数据。页面出现异常。

第二步：url：www. test. com/test. php? id＝3and1＝1

sql 语句为 Select * from table where id＝3and1＝1，语句执行正常，返回正常数据。

第三步：url：www. test. com/test. php? id＝3and 1＝2

sql 语句为 Select * from table where id＝3and1＝2 语句执行正常，但是无法返回正常数据。

当上面全部步骤全部满足，则可能存在 sql 注入漏洞。

数字型注入多存在于 ASP、PHP 等弱语言中。

2）字符型。当输入参数为字符串时，称为字符型。数字型与字符型 SQL 注入最大区别在于，数字型不需要单引号闭合，字符型一般需要单引号闭合。

例句如下：

Select * from table where username＝'admin'

字符型注入最关键的是如何闭合 SQL 语句以及多余代码。

当攻击者输入"admin and1＝1"，则无法进行注入。因为它会被当成查询的字符串来执行。

SQL 语句如下：

Select * from table where username＝'admin and 1＝1'

如果想要继续注入，则必须注意字符串闭合问题，输入"admin'and1＝1--"则可以继续注入。

SQL 语句如下：

Select * from table where username = 'admin'and1 = 1--'

（6）SQL 注入检测工具。比较常见的自动化 SQL 注入检测工具是 SQLmap。SQL-map 是一个开放源码的测试工具，可以自动检测和利用漏洞，它基于 python 编写。下面简要说明如何安装 SQLmap。由于它基于 python，所以需要先将 Python 这个语言环境给安装上。

安装 python。（注意：SQLMap 不支持 3.0 版本，适用于 2.7 版本）

1）在官网选择相适应的版本，并点击下载，见图 4-55。

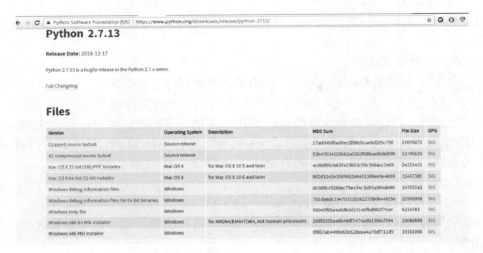

图 4-55　下载 python

2）直接双击下载好的 Python 的安装包，如图 4-56 所示安装。

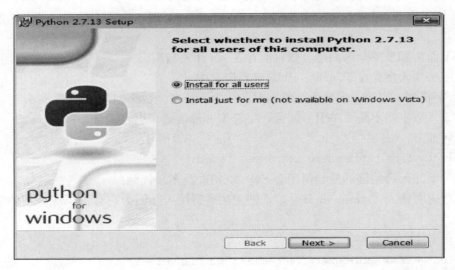

图 4-56　安装 python

3）下载 sqlmap，解压，然后将目录更改为 sqlmap，见图 4-57。

图 4-57　下载并解压 sqlmap

4）将 sqlmap 复制到 Python 的安装目录下，如图 4-58 所示。

图 4-58　安装 sqlmap

5）建立一个 cmd 的快捷方式，并命名为叫"sqlmap"，见图 4-59。

6）键属性。这里需要修改 2 个地方，一个是"目标"，一个是"起始位置"修改成如图 4-60 所示。

7）输入 python sqlmap. py-h，如图 4-61 所示，则安装完成。

（7）实例演示。sqlmap 是利用现有应用程序，将（恶意）的 SQL 命令注入后台数据库引擎执行的能力。它可以通过在 Web 表单中输入（恶意）SQL 语句得到一个存在安全漏洞的网站上的数据库，而不是按照设计者意图去执行 SQL 语句。

1）了解什么时候可能发生 SQL Injection。假设在浏览器中输入 URL www. test.

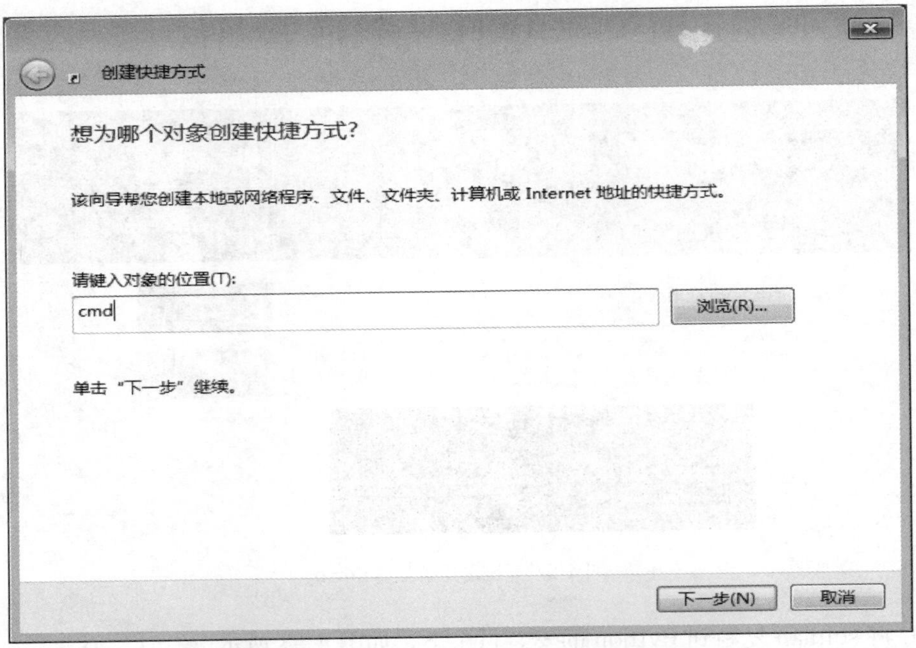

图 4-59 创建 cmd 快捷方式

图 4-60 更改键属性

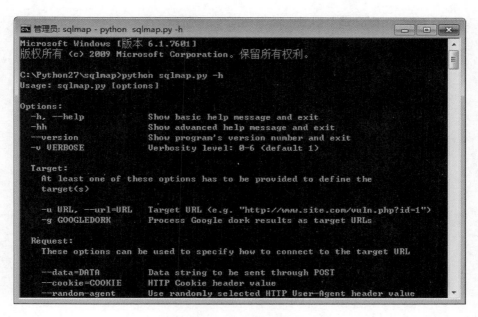

图 4-61　安装完成

com，由于它只是对页面的简单请求无需对数据库进行动态请求，所以它不存在 SQL
Injection。当输入 www. test. com？ testid＝23 时，在 URL 中传递变量 testid，并且提
供值为 23，由于它是对数据库进行动态查询的请求（其中？ testid＝23 表示数据库查询
变量），所以可以在该 URL 中嵌入恶意 SQL 语句。

　　2）知道 SQL Injection 适用场合，接下来通过具体的例子来说明 SQL Injection 的
应用。

　　图 4-62 对页面请求时，对数据库进行了动态请求。

图 4-62　对数据库进行动态请求

参数值为整型，则尝试单引号，结果如图 4-63 所示。

图 4-63　请求结果

http：//www. lcblgg. com/newsshow. asp？id＝216'

3）如图 4-63 所示，报语法错误。则继续下一步。

输入 http：//www. lcblgg. com/newsshow. asp？id＝216 and 1＝1

结果如图 4-64 所示。

图 4-64　下一步结果

返回正常页面。继续下一步。

4）输入//www. lcblgg. com/newsshow. asp？id＝216 and 1＝2，结果如图 4-65 所示。

返回异常数据，则可能存在 SQL 注入漏洞。

为进一步验证漏洞，将其用 SQLMap 进行验证。

5）输入-u"http：//www. lcblgg. com/newsshow. asp？id＝216"，运行结果如图 4-66

所示，表明漏洞存在。

图 4-65　返回异常数据

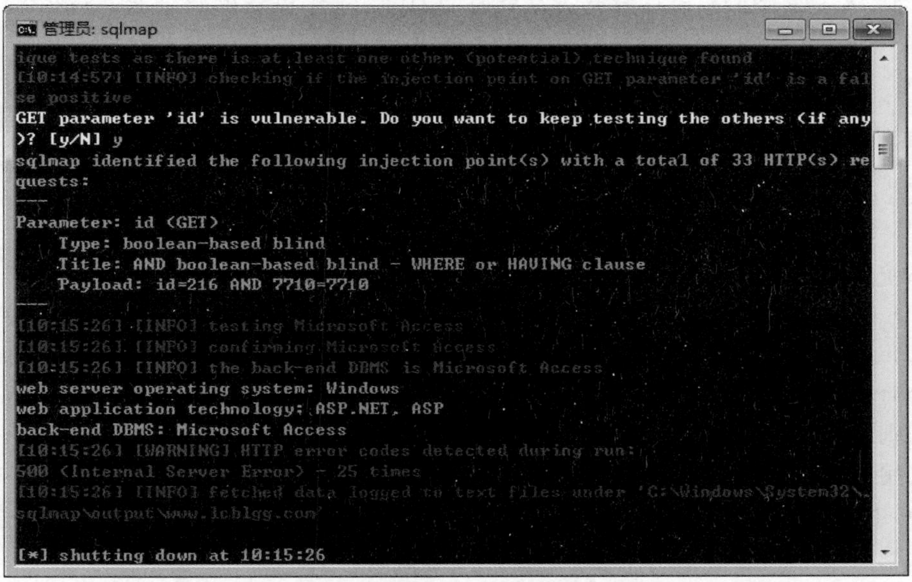

图 4-66　用 sqlmap 验证

6）防御措施。解决 SQL 注入问题的关键是对所有可能来自用户输入的数据进行严格的检查，对数据库配置使用最小权限原则。

常使用的方案有：

a）查询语句都使用数据库提供的参数化查询接口。参数化的语句使用参数而不是将用户输入变量嵌入到 SQL 语句中。当前几乎所有的数据库系统都提供了参数化 SQL 语句执行接口，使用此接口可以非常有效地防止 SQL 注入攻击。

b）对进入数据库的特殊字符（'"\<>&*；等）进行转义处理，或编码转换。

c）确认每种数据的类型，如数字型的数据就必须是数字，数据库中的存储字段必须对应为 int 型。

d）数据长度应该严格规定，能在一定程度上防止比较长的 SQL 注入语句无法正确执行。

e）网站每个数据层的编码统一，建议全部使用 UTF-8 编码，上下层编码不一致有可能导致一些过滤模型被绕过。

f）严格限制网站用户的数据库操作权限，给此用户提供仅仅能够满足其工作的权限，从而最大限度地减少注入攻击对数据库的危害。

g）避免网站显示 SQL 错误信息，如类型错误、字段不匹配等，防止攻击者利用这些错误信息进行一些判断。

h）在网站发布之前建议使用一些专业的 SQL 注入检测工具进行检测，及时修补这些 SQL 注入漏洞。

4.6.1.7　Struts2 远程代码执行漏洞

（1）漏洞简介。Apache Struts2 爆出最新的远程代码执行漏洞。漏洞编号 S2-045，CVE 编号 CVE-2017-5638。对漏洞的综合评级均为"高危"。由于 struts 2.3.5 之前的版本存在 S2-016 漏洞，因此有较多升级后的 Apache struts2 的版本为 2.3.5 及以上版本，极有可能受到漏洞的影响。

（2）影响版本：Struts2.3.5-Struts2.3.31，Struts2.5-Struts2.5.10。

（3）漏洞成因。由于 Apache Struts2 的 Jakarta Multipart parser 插件存在远程代码执行漏洞，攻击者可以在使用该插件上传文件时，修改 HTTP 请求头中的 Content-Type 值来触发该漏洞，导致远程执行代码。

（4）漏洞危害。攻击者可以利用该漏洞在服务器上执行任意系统命令，可直接获取应用系统所在服务器的控制权限。

（5）检测方式。在向服务器发出的 http 请求报文中，修改 Content-Type 字段：Content-Type：%{#context['com.opensymphony.xwork2.dispatcher.HttpServletResponse'].addHeader('vul','vul')}.multipart/form-data，如返回 response 报文中存在 vul：vul 字段项则表明存在漏洞。

利用 s2-045 检测工具进行检测，以下是获取工具的大致步骤：

1）由于 poc 较早地被公布，网上流传的利用工具较多，可任意选择一个下载、解压、安装。

2）运行其程序（需要 java 环境），如图 4-67 所示。

3）实例演示。

a）利用 s2-045 检测工具，输入带 action 后缀的 url。再输入系统命令 dir。

检测结果如图 4-68 所示。

由图 4-68 可见，此站存在 struts 2-045 远程代码执行漏洞。

b）修复方法是升级到 Struts 2.3.32 或 Struts 2.5.10.1。

Struts 2.3.32 下载地址是：

https://cwiki.apache.org/confluence/display/WW/Version＋Notes＋2.3.32

下载页面如图 4-69 所示。

Struts 2.5.10.1 下载地址是：

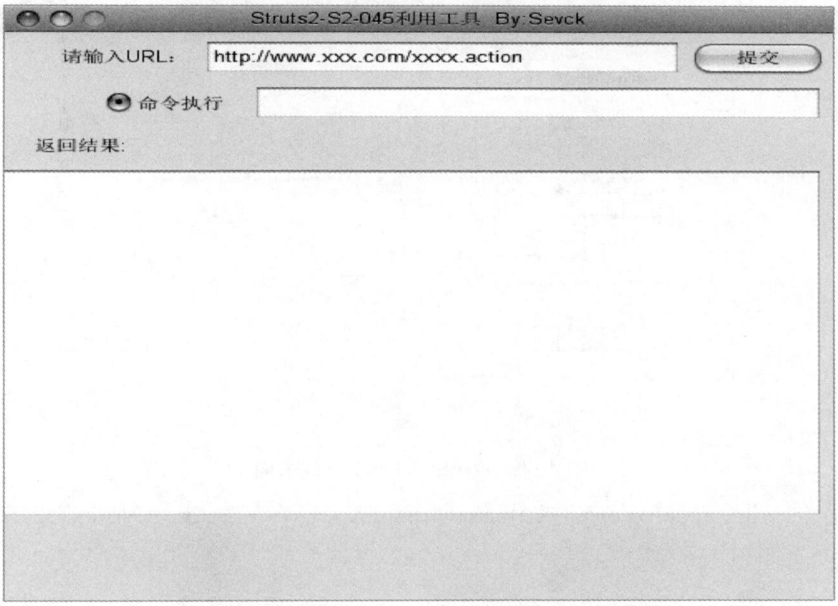

图 4-67　运行程序

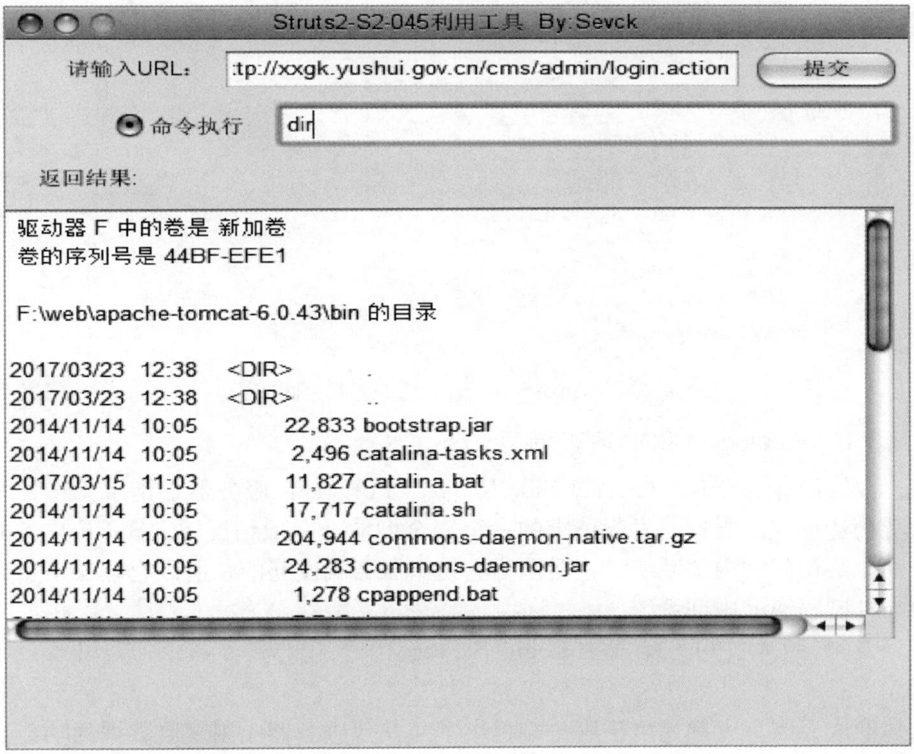

图 4-68　检测结果

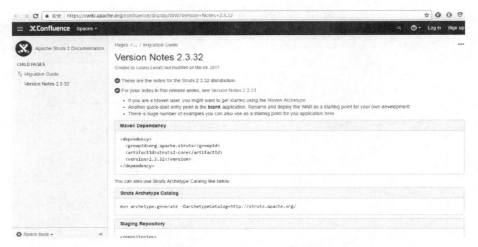

图 4-69　struts 2.3.32 下载页面

https：//cwiki.apache.org/confluence/display/WW/Version＋Notes＋2.5.10.1
下载页面如图 4-70 所示。

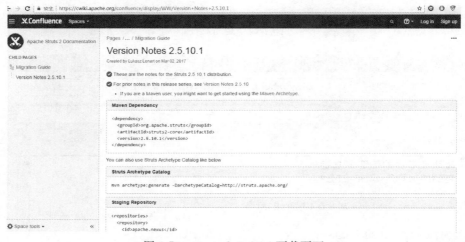

图 4-70　struts 2.5.10.1 下载页面

4.6.1.8　Weblogic UDDI SSRF 漏洞

（1）漏洞简介。SSRF（Server-Side Request Forgery：服务器端请求伪造）是一种
由攻击者构造形成由服务端发起请求的一个安全漏洞。一般情况下，SSRF 攻击的目标
是从外网无法访问的内部系统。正是因为它是由服务端发起的，所以它能够请求到与它
相连而与外网隔离的内部系统。

（2）影响版本：Oracle WebLogic Server 10.3.6.0 和 Oracle WebLogic Server
10.0.2.0

（3）形成原因。大都是由于服务端提供了从其他服务器应用获取数据的功能且没有
对目标地址做过滤与限制，如从指定 URL 地址获取网页文本内容、加载指定地址的图
片、下载等。

攻击者可利用该漏洞对企业内网进行大规模扫描，了解内网结构，并可能结合内网

漏洞直接获取服务器权限。

（4）常见位置。

1）分享：通过 URL 地址分享网页内容。

2）转码服务。

3）在线翻译。

4）图片加载与下载：通过 URL 地址加载或下载图片。

5）图片、文章收藏功能。

6）未公开的 api 实现以及其他调用 URL 的功能。

7）从 URL 关键字中寻找：share wap url link src domain source target display imageURL sourceURl u 3g。

（5）检测方式。

1）可以使用 burpsuite 等抓包工具来判断是否存在 SSRF。首先 SSRF 是由服务端发起的请求，因此在加载图片的时候，是由服务端发起的，所以在本地浏览器的请求中就不应该存在图片的请求。尝试请求 http：∥www. douban. com/＊＊＊/service？ image＝http：∥www. baidu. com/img/bd_logo1. png

在此例子中，如果刷新当前页面，有如图 4-71 所示请求，则可判断不是 SSRF。（前提是设置 burpsuite 截断图片的请求，默认是放行的。）

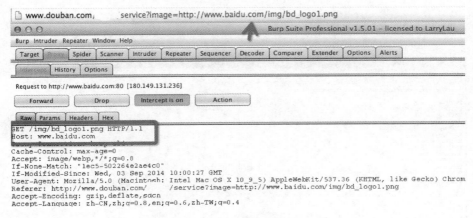

图 4-71　返回请求结果

2）在页面源码中查找访问的资源地址，如果该资源地址类型为 http：∥www. xxx. com/a. php？ image＝（地址），就可能存在 SSRF 漏洞。

（6）修复方法。

1）如果业务不需要 UDDI 功能，就关闭这个功能。可以到 weblogic 软件部署目录下删除 uddiexporer 文件夹，可在/weblogicPath/server/lib/uddiexplorer. war 解压后，注释掉上面的 jsp 再打包。

2）限制 uddiexplorer 应用只能内网访问。

3）安装 oracle 的更新包。获取地址是 http：∥www. oracle. com/technetwork/top-ics/security/cpujul2014-1972956. html

（7）实例演示。

1）首先找到一个测试地，尝试读取，如图 4-72 所示。

图 4-72　尝试读取测试

2）测试结果如图 4-73 所示。

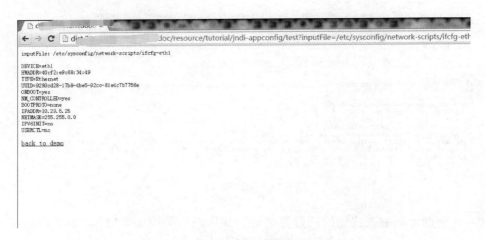

图 4-73　测试结果

3）由图 4-73 可见，此站存在 SSRF 漏洞。

4.6.1.9　XSS 跨站脚本攻击漏洞

（1）漏洞简介。跨站脚本攻击（Cross Site Scripting），与层叠样式表（Cascading Style Sheets，CSS）的缩写容易混淆，故将跨站脚本攻击缩写为 XSS。恶意攻击者向 Web 页面里插入恶意 Script 代码，当用户浏览该页之时，嵌入其中 Web 里面的 Script 代码会被执行，从而达到恶意攻击用户的目的。

（2）漏洞成因。

因为开发人员的安全意识不高，为了开发的便利性，忽略了对用户输入的筛查，导致犯罪分子可以在前台代码嵌入 JS 脚本，从而危害到正常访问此页面的普通用户隐私。

（3）漏洞危害。这个漏洞的严重风险在于如下几点：

1）JS 代码可以有无限的用法，不仅仅可以获取普通用户的隐私信息，也可以获取后台管理员的用户 cookie。

2）XSS 攻击者们会对我们的各种限制条件进行绕过，结合 CSRF 跨域攻击。

（4）检测方式。

1）利用市面上常见的 Web 安全产品进行扫描，如东软安全态势感知或者绿盟的 WVSS。步骤如下：

选择 XSS 扫描模板，输入 URL 进行扫描，如图 4-74 所示。

图 4-74　选择 XSS 模板进行扫描

2）利用工具 AWVS 等进行扫描。步骤如下：

第一步：使用 AWVS，选择 newscan，见图 4-75。

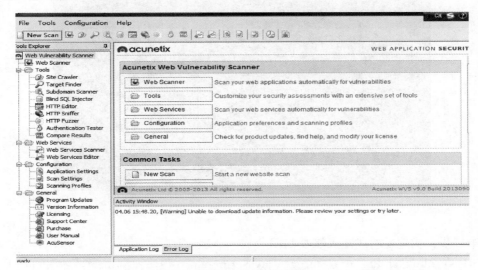

图 4-75　使用 AWVS，选择 newscan

第二步：输入 URL 之后，一直下一步，可以改参数，然后扫描开始，如图 4-76 所示。

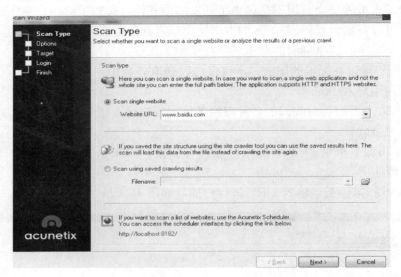

图 4-76　修改参数，开始扫描

3）请专业的安全分析人员进行前台代码审计（白盒测试）。

4）手工尝试扫描 URL 是否有 XSS 点，构建 XSS 代码。

第一步：检测某网站 XSS 漏洞，代码审计。如图 4-77 所示，代码内容是将输入的信息传入 URI 参数，解码以后赋值于 location. href。明显可以利用 JavaScript：伪协议执行 js 代码。

```
→ 64  http http://link.zhihu.com/\?target\=https://www.leavesongs.com/
HTTP/1.1 200 OK
Connection: keep-alive
Content-Length: 499
Content-Type: text/html; charset=UTF-8
Date: Sun, 28 Feb 2016 02:42:59 GMT
ETag: "a0ca5a6b677aa70241c5db811520347cb7303381"
Server: ZWS
Vary: Accept-Encoding
X-Req-ID: 156CD5AA56D25EB4

<!DOCTYPE html>
<html>
<head>
<meta charset="utf-8">
<meta http-equiv="X-UA-Compatible" content="IE-edge,chrome-1">
<meta name="renderer" content="webkit">
<meta name="viewport" content="width=device-width, initial-scale=1, maximum-scale=1"/>
<link rel="shortcut icon" href="https://static.zhihu.com/static/favicon.ico" type="imag
e/x-icon">
<title>跳转中...</title>
</head>
<script>
var URI = "https%3A%2F%2Fwww.leavesongs.com%2F";
window.location.href=decodeURIComponent(URI);
</script>
</html>
```

图 4-77　代码审计

第二步：构建反射式注入修改 URI。

https：//link. zhihu. com/?target＝javascript：alert(1)，弹窗 alert，如图 4-78 所示。

图 4-78 弹窗 alert

由图 4-78 可见，此处有反射式跨站，后续动作攻击者就可以随意发挥了，危害极大。改善方法有以下四种。

a）请网站设计厂商进行 XSS 漏洞修补。

b）使用安全防御设备，如 WAF 防御 XSS 攻击。

c）http only 标记。XSS 攻击的目标是窃取用户 Cookie，这些 Cookie 中往往包含用户身份认证信息，一旦被盗，黑客就可以冒充用户身份盗取用户账号。窃取 Cookie 一般都依赖 JavaScript 读取 Cookie 信息，而 HttpOnly 标记则会告诉浏览器，被标记上的 Cookie 是不允许任何脚本读取或修改的。

d）在前台已经限制的情况下，服务器运维人员对用户输入内容进行校验，防止攻击者绕过前台限制。

4.6.1.10 文件上传漏洞

（1）漏洞简介。文件上传漏洞是指用户上传一个可执行的脚本文件，并通过此脚本文件获得了执行服务器端命令的能力。这种攻击方式是最为直接和有效的，文件上传本身没有问题，有问题的是文件上传后，服务器怎么处理、解释文件。如果服务器的处理逻辑不够安全，就会导致严重的后果。文件上传漏洞范围极广，只要是利用上传文件，获取服务器或者服务的 shell，均可称为文件上传漏洞。

（2）影响版本。文件上传漏洞影响对用户上传文件类型和内容未做限制的服务器或有 Web 服务默认配置漏洞可导致上传的服务器。受影响的典型版本有 iis5. x-6. x、apache、nginx、IIS7. 5。

（3）漏洞成因。由于文件上传功能实现代码没有严格限制用户上传的文件后缀以及文件类型，导致允许攻击者向某个可通过 Web 访问的目录上传任意文件。

（4）漏洞危害。攻击者能够利用此漏洞将文件传给相应服务器端，可以在远程的服务器端执行任意脚本命令。

（5）检测方式。

1）检测服务器对上传文件类型有没有做黑白名单限制。

2）检测服务器对请求的 Content-Type 文件类型检测是否开启。

3）使用漏洞扫描设备检测。常见安全厂商的漏洞扫描设备，有东软漏洞扫描系统和绿盟 WEB 漏扫设备，检测步骤如下：

第一步：添加漏洞模板（见图 4-79）。

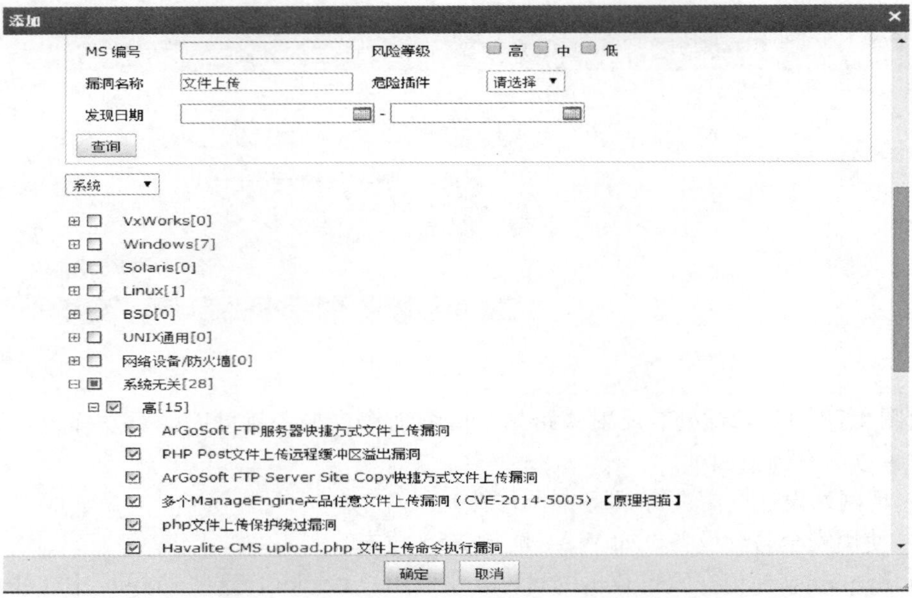

图 4-79　添加漏洞模板

第二步：新建扫描任务，选择文件上传漏洞模板（见图 4-80）。

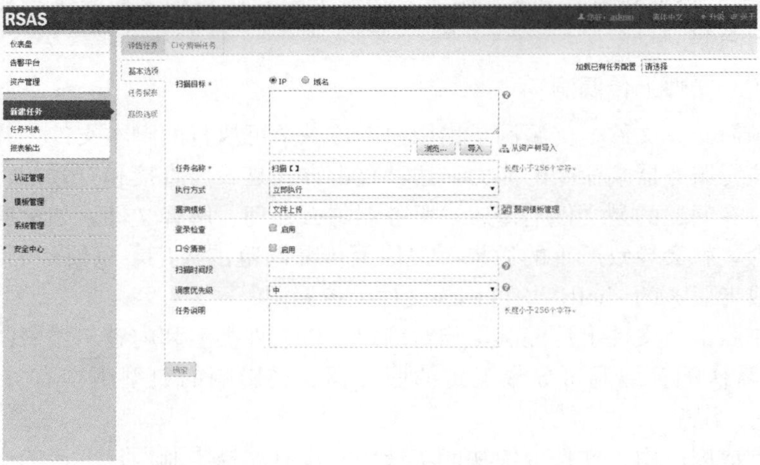

图 4-80　新建扫描任务

4）手工检测 WEB 前台界面处是否能上传非法文件。步骤如下：

第一步：上传文件，会被当作 asp 执行，见图 4-81。

第二步：burpsuite 改包（网上可以下载，直接百度 burpsuite，需要 java 环境才能运行），见图 4-82。

此处有上传漏洞，burpsuit 改包之后，服务端可以做限制。

（6）修复方法。

1）及时升级 web 服务系统，保持 web 服务系统更新。

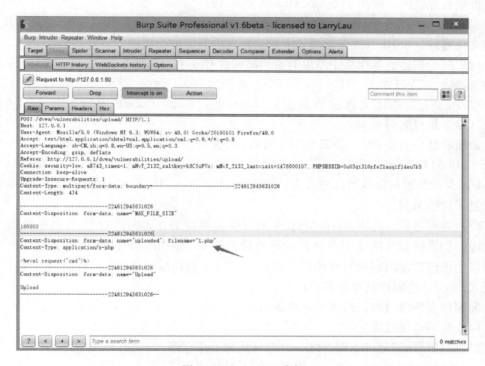

图 4-81　上传文件

图 4-82　burpsuite 改包

2）服务器对上传文件的 Content-Type 类型进行检测，如果是白名单允许的，则可以正常上传，否则拒绝上传。

3）当用户在客户端选择文件点击上传的时候，客户端还没有向服务器发送任何消息，就对本地文件进行检测来判断是否是可以上传的类型，这种方式称为前台脚本检测扩展名。

4）当浏览器将文件提交到服务器端的时候，服务器端根据设定的黑白名单对浏览器提交上来的文件扩展名进行检测，如果上传的文件扩展名不符合黑白名单的限制，则不予上传。

5）上传文件时，使用 JavaScript 语句语法检测上传文件的合法性问题。

4.6.2 典型案例分析

以下以 ImageMagick 系列漏洞为例进行分析。

（1）现象。ImageMagick 是一款使用量很广的图片处理程序，以下简介引用自其官方网站：

ImageMagick 是一款用于创建、编辑、创作、或者转换位图图像的软件。它可以读写各种不同格式的图像（超过 200 种），包括 PNG、JPEG、JPEG-2000、GIF、TIFF、DPX、EXR、WebP、Postscript、PDF、SVG。ImageMagick 可以用来对图像缩放、翻转、镜像、旋转、扭曲、裁剪、变换处理，还可以调整图像的颜色，应用各种特效，或者绘制文本、线条、多边形、椭圆、贝塞尔曲线。

近来在互联网上曝出了 ImageMagick 的一系列漏洞，如果攻击者能够设法令一个包含恶意代码的图片被 ImageMagick 解析，攻击者就有机会进行包括任意命令执行、任意文件删除、SSRF（服务器端请求伪造）在内的多种恶意操作，危害严重。

（2）问题描述。本次集中曝出的系列漏洞共有 6 个，分别是 CVE-2016-3714（命令执行漏洞）、CVE-2016-3715（文件删除漏洞）、CVE-2016-3716（文件读写漏洞）、CVE-2016-3717（本地文件读取漏洞）、CVE-2016-3718（SSRF 漏洞）和 CVE-2016-5118（命令执行漏洞）。

最新的已公开漏洞是 CVE-2016-5118。在这一系列漏洞中，属 CVE-2016-3714 和 CVE-2016-5118 两个命令执行漏洞的危害最大，攻击者一旦利用成功，即可以 ImageMagick 的当前权限执行任意命令。官方于 2016 年 6 月 2 日发布的 7.0.1-9 版本中已经修复了这些漏洞。

（3）处理过程。此次 ImageMagick 漏洞的主要利用方式为针对 Web 网站的图片上传功能。如果网站在接受用户上传的图片后调用 ImageMagick 进行处理，那么攻击者就可以上传包含漏洞利用恶意代码的图片，通过一系列漏洞来写入 WebShell 或者反弹交互式 Shell，达到控制服务器的目的。

漏洞排查整改过程通过测试环境演示如下。

（4）漏洞验证过程。

1）信息系统满足以下两者之一，方可认为不存在漏洞：

a）系统中没有安装（或已经卸载）ImageMagick；

b）已安装的 ImageMagick 为 7.0.1-9 以上版本。

2）快速测试方法。目前已经得知，ImageMagick7.0.1-6 以下的所有版本均存在漏洞。在命令行中执行"convert-version"可以获取当前 ImageMagick 的版本信息，见图 4-83。

图 4-83　获取 Image Magick 版本信息

3）原理测试方法。以下测试方法均在 Debian Linux 下完成，其他系统需注意根据需要修改各个 JPG 文件中的命令和文件路径。

首先将附件 ImageMagickVuln 工具包拷贝到被测试主机上，见图 4-84。

```
root@CKali:~/Desktop/ImageMagickVuln# ls
CVE-2016-3714.jpg  CVE-2016-3716.jpg  CVE-2016-3718.jpg  temp.jpg
CVE-2016-3715.jpg  CVE-2016-3717.jpg  CVE-2016-5118.jpg  temp.txt
root@CKali:~/Desktop/ImageMagickVuln#
```

图 4-84　拷贝 Image Magick Vuln 工具包到测试主机上

a）验证 CVE-2016-3716：①执行命令行"convert. /CVE-2016-3716. jpg. /test. jpg"；②如果存在漏洞，则 temp. jpg 会被复制为 temp. php，见图 4-85。

```
root@CKali:~/Desktop/ImageMagickVuln# convert ./CVE-2016-3716.jpg ./test.jpg
root@CKali:~/Desktop/ImageMagickVuln# ls
CVE-2016-3714.jpg  CVE-2016-3716.jpg  CVE-2016-3718.jpg  temp.jpg  temp.txt
CVE-2016-3715.jpg  CVE-2016-3717.jpg  CVE-2016-5118.jpg  temp.php  test.jpg
root@CKali:~/Desktop/ImageMagickVuln#
```

图 4-85　存在漏洞

b）验证 CVE-2016-3715：①执行命令行"convert. /CVE-2016-3715. jpg. /test. jpg"；②如果存在漏洞，则 temp. txt 将会被删除，见图 4-86。

```
root@CKali:~/Desktop/ImageMagickVuln# convert ./CVE-2016-3715.jpg ./test.jpg
convert.im6: no decode delegate for this image format `./temp.txt' @ error/svg.c
/ReadSVGImage/2871.
root@CKali:~/Desktop/ImageMagickVuln# ls
CVE-2016-3714.jpg  CVE-2016-3716.jpg  CVE-2016-3718.jpg  temp.jpg
CVE-2016-3715.jpg  CVE-2016-3717.jpg  CVE-2016-5118.jpg  test.jpg
root@CKali:~/Desktop/ImageMagickVuln#
```

图 4-86　temp. txt 被删除

c）验证 CVE-2016-3714：①执行命令行"convert. /CVE-2016-3714. jpg. /test. jpg"；②如果存在漏洞，则命令"id"的执行结果将会回显，见图 4-87。

```
root@CKali:~/Desktop/ImageMagickVuln# convert ./CVE-2016-3714.jpg ./test.jpg
uid=0( root) gid=0( root) 组=0( root)
^Cconvert.im6: unrecognized color `https://"|id; "' @ warning/color.c/GetColorCo
mpliance/947.
convert.im6: delegate failed `"curl" -s -k -o "%o" "https:%M"' @ error/delegate.
c/InvokeDelegate/1065.
convert.im6: unable to open image `/tmp/magick-ba6EW9XZ': 没有那个文件或目录 @ e
rror/blob.c/OpenBlob/2638.
convert.im6: unable to open file `/tmp/magick-ba6EW9XZ': 没有那个文件或目录 @ er
ror/constitute.c/ReadImage/583.
convert.im6: non-conforming drawing primitive definition `fill' @ error/draw.c/D
rawImage/3158.
root@CKali:~/Desktop/ImageMagickVuln#
```

图 4-87　id 执行结果回显

d）验证 CVE-2016-3717：①执行命令行"convert. /CVE-2016-3717. jpg. /test. jpg"；②如果存在漏洞，则生成的 test. jpg 内容为系统文件/etc/passwd 文件的截图，见图 4-88。

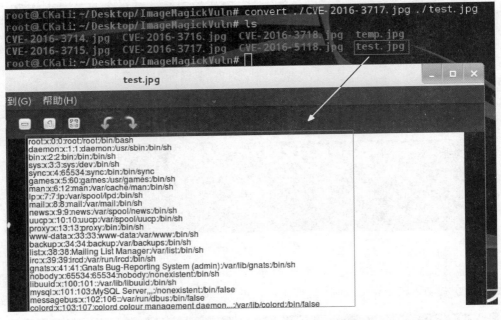

图 4-88 test. jpg 内容为系统文件的截图

e）验证 CVE-2016-3718：①该漏洞为 SSRF，故先用 netcat 开启本地的监听端口，见图 4-89；②执行命令行"convert. /CVE-2016-3717. jpg. /test. jpg"；③如果存在漏洞，则 convert 命令被阻塞，同时 netcat 接收到一个 HTTP 请求，见图 4-90。

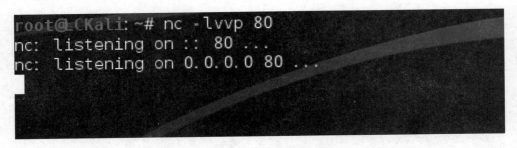

图 4-89 开启本地监听端口

f）验证 CVE-2016-5118：①该漏洞有两种利用方法，分别在文件名中和文件内容中利用；②在文件名中利用时，直接执行命令行"convert ' | id＞output. txt; './ test. jpg"；③如果存在漏洞，则会在当前目录下生成 output. txt，且其内容为命令"id"的执行结果，见图 4-91；④在文件内容中利用时，执行命令行"convert. /CVE-2016-5118. jpg. /test. jpg"；⑤如果存在漏洞，同样会在当前目录下生成 output. txt，内容为命令"id"的执行结果，见图 4-92。

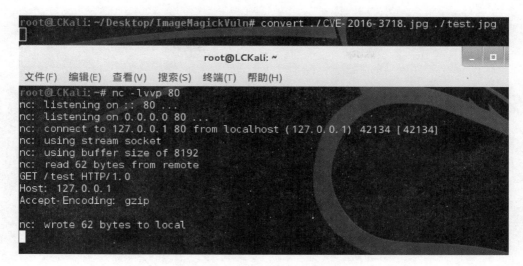

图 4-90　netcat 接到一个 HTTP 请求

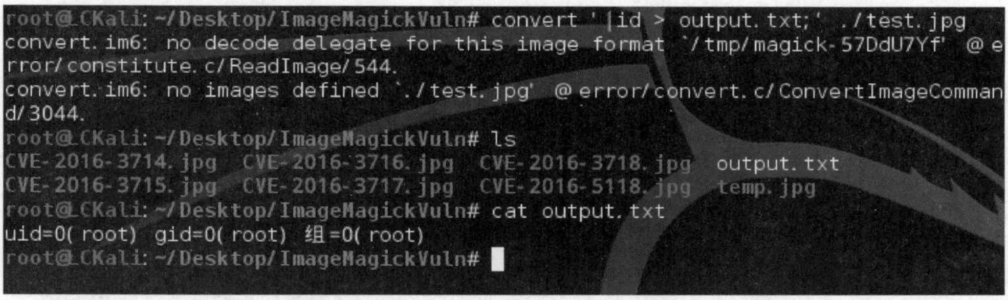

图 4-91　生成 output. txt

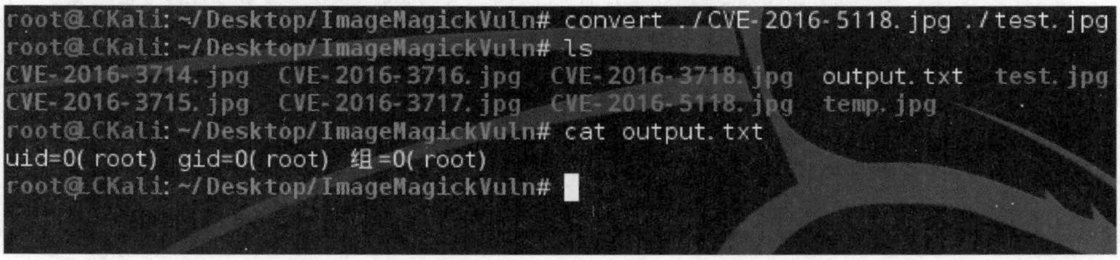

图 4-92　存在漏洞，生成 output. txt

（5）漏洞整改。目前官方已经发布了修复版本 7.0.1-9。如果是 Redhat、CentOS、MAC、Windows 等系统，可以直接下载安装包进行升级。此处在 Debian 上演示一下使用源码安装的方法，该方法能够适用于绝大多数操作系统。

注意以下操作需要以 root 权限执行。

点击下载页面中的"source"链接，下载源码包，见图 4-93。

将下载好的源码包解压缩，见图 4-94。

切换到解压目录下，执行"./configure"，见图 4-95。

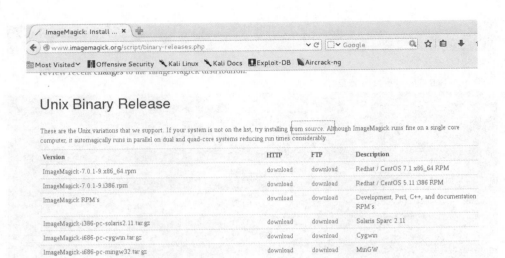

图 4-93　下载源码包

图 4-94　解压缩源码包

执行"make"，如有 Error，则根据提示信息具体情况进行具体处理。正常执行如图 4-96 所示。

如果没有 Error，则执行"make install"，开始进行安装，见图 4-97。

安装完成后，执行"ldconfig/usr/local/lib"刷新链接库配置，然后再次执行"convert-version"确认版本，见图 4-98。

由图 4-98 可见，ImageMagick 已经成功升级到 7.0.1-9 版本。

（6）整改后复测。在升级 ImageMagick 后再次进行原理验证，发现未能再生成 output.txt 文件，见图 4-99。

可见，CVE-2016-5118 已经无法再进行利用。其他漏洞的验证方法同理，不再赘述。

```
ImageMagick-7.0.1-9/Magick++/bin/
ImageMagick-7.0.1-9/Magick++/bin/Magick++-config.in
ImageMagick-7.0.1-9/Magick++/bin/Magick++-config.1
root@CKali:~/Downloads# cd ImageMagick-7.0.1-9/
root@CKali:~/Downloads/ImageMagick-7.0.1-9# ./config
config/    configure
root@CKali:~/Downloads/ImageMagick-7.0.1-9# ./configure
checking build system type... x86_64-unknown-linux-gnu
checking host system type... x86_64-unknown-linux-gnu
checking target system type... x86_64-unknown-linux-gnu
checking for a BSD-compatible install... /usr/bin/install -c
checking whether build environment is sane... yes
checking for a thread-safe mkdir -p... /bin/mkdir -p
checking for gawk... no
checking for mawk... mawk
checking whether make sets $(MAKE)... yes
checking whether make supports nested variables... yes
checking whether UID '0' is supported by ustar format... yes
```

图 4-95　执行 "./configure"

```
root@CKali:~/Downloads/ImageMagick-7.0.1-9# make
make all-am
make[1]: Entering directory '/root/Downloads/ImageMagick-7.0.1-9'
  CC       MagickCore/MagickCore_libMagickCore_7_Q16HDRI_la-accelerate.lo
  CC       MagickCore/MagickCore_libMagickCore_7_Q16HDRI_la-animate.lo
  CC       MagickCore/MagickCore_libMagickCore_7_Q16HDRI_la-annotate.lo
  CC       MagickCore/MagickCore_libMagickCore_7_Q16HDRI_la-artifact.lo
  CC       MagickCore/MagickCore_libMagickCore_7_Q16HDRI_la-attribute.lo
  CC       MagickCore/MagickCore_libMagickCore_7_Q16HDRI_la-blob.lo
  CC       MagickCore/MagickCore_libMagickCore_7_Q16HDRI_la-cache.lo
  CC       MagickCore/MagickCore_libMagickCore_7_Q16HDRI_la-cache-view.lo
  CC       MagickCore/MagickCore_libMagickCore_7_Q16HDRI_la-channel.lo
  CC       MagickCore/MagickCore_libMagickCore_7_Q16HDRI_la-cipher.lo
  CC       MagickCore/MagickCore_libMagickCore_7_Q16HDRI_la-client.lo
  CC       MagickCore/MagickCore_libMagickCore_7_Q16HDRI_la-coder.lo
  CC       MagickCore/MagickCore_libMagickCore_7_Q16HDRI_la-color.lo
  CC       MagickCore/MagickCore_libMagickCore_7_Q16HDRI_la-colormap.lo
```

图 4-96　执行 "make"

```
cp -f MagickCore/MagickCore.pc MagickCore/MagickCore-7.Q16HDRI.pc
cp -f MagickWand/MagickWand.pc MagickWand/MagickWand-7.Q16HDRI.pc
cp -f Magick++/lib/Magick++.pc Magick++/lib/Magick++-7.Q16HDRI.pc
make[1]: Leaving directory '/root/Downloads/ImageMagick-7.0.1-9'
root@CKali:~/Downloads/ImageMagick-7.0.1-9# make install
make install-am
make[1]: Entering directory '/root/Downloads/ImageMagick-7.0.1-9'
make[2]: Entering directory '/root/Downloads/ImageMagick-7.0.1-9'
 /bin/mkdir -p '/usr/local/lib'
 /bin/bash ./libtool   --mode=install /usr/bin/install -c   MagickCore/libMagick
Core-7.Q16HDRI.la MagickWand/libMagickWand-7.Q16HDRI.la Magick++/lib/libMagick++
-7.Q16HDRI.la '/usr/local/lib'
libtool: install: /usr/bin/install -c MagickCore/.libs/libMagickCore-7.Q16HDRI.s
o.0.0.0 /usr/local/lib/libMagickCore-7.Q16HDRI.so.0.0.0
libtool: install: (cd /usr/local/lib && { ln -s -f libMagickCore-7.Q16HDRI.so.0.
0.0 libMagickCore-7.Q16HDRI.so.0 || { rm -f libMagickCore-7.Q16HDRI.so.0 && ln -
s libMagickCore-7.Q16HDRI.so.0.0.0 libMagickCore-7.Q16HDRI.so.0; }; })
libtool: install: (cd /usr/local/lib && { ln -s -f libMagickCore-7.Q16HDRI.so.0.
0.0 libMagickCore-7.Q16HDRI.so || { rm -f libMagickCore-7.Q16HDRI.so && ln -s li
bMagickCore-7.Q16HDRI.so.0.0.0 libMagickCore-7.Q16HDRI.so; }; })
libtool: install: /usr/bin/install -c MagickCore/.libs/libMagickCore-7.Q16HDRI.l
ai /usr/local/lib/libMagickCore-7.Q16HDRI.la
libtool: warning: relinking 'MagickWand/libMagickWand-7.Q16HDRI.la'
libtool: install: (cd /root/Downloads/ImageMagick-7.0.1-9; /bin/bash "/root/Down
```

图 4-97　执行 "make install"，开始安装

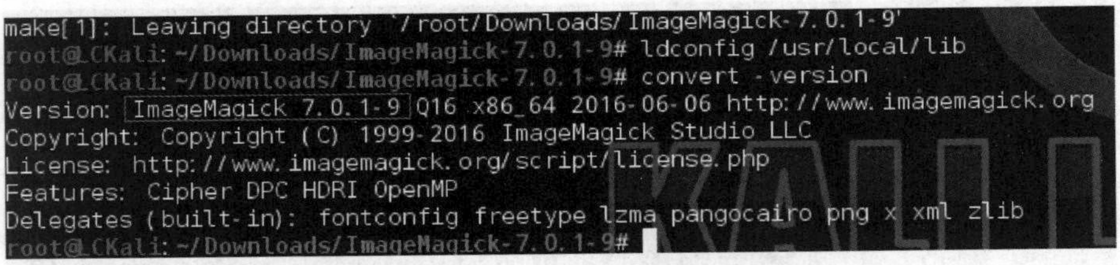

make[1]: Leaving directory '/root/Downloads/ImageMagick-7.0.1-9'
root@LCKali:~/Downloads/ImageMagick-7.0.1-9# ldconfig /usr/local/lib
root@LCKali:~/Downloads/ImageMagick-7.0.1-9# convert -version
Version: ImageMagick 7.0.1-9 Q16 x86_64 2016-06-06 http://www.imagemagick.org
Copyright: Copyright (C) 1999-2016 ImageMagick Studio LLC
License: http://www.imagemagick.org/script/license.php
Features: Cipher DPC HDRI OpenMP
Delegates (built-in): fontconfig freetype lzma pangocairo png x xml zlib
root@LCKali:~/Downloads/ImageMagick-7.0.1-9#

图 4-98　确认版本

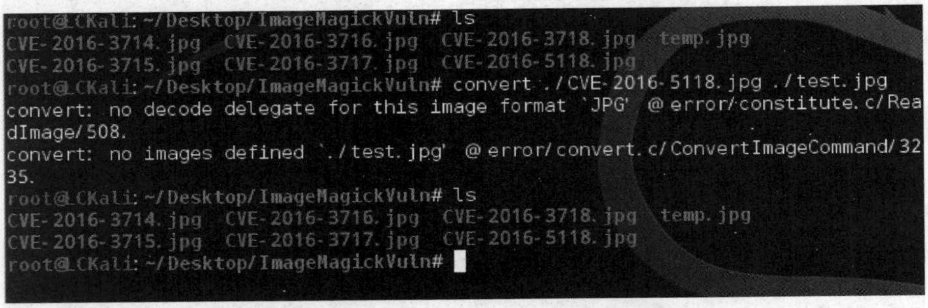

root@LCKali:~/Desktop/ImageMagickVuln# ls
CVE-2016-3714.jpg CVE-2016-3716.jpg CVE-2016-3718.jpg temp.jpg
CVE-2016-3715.jpg CVE-2016-3717.jpg CVE-2016-5118.jpg
root@LCKali:~/Desktop/ImageMagickVuln# convert ./CVE-2016-5118.jpg ./test.jpg
convert: no decode delegate for this image format 'JPG' @ error/constitute.c/Rea
dImage/508.
convert: no images defined `./test.jpg' @ error/convert.c/ConvertImageCommand/32
35.
root@LCKali:~/Desktop/ImageMagickVuln# ls
CVE-2016-3714.jpg CVE-2016-3716.jpg CVE-2016-3718.jpg temp.jpg
CVE-2016-3715.jpg CVE-2016-3717.jpg CVE-2016-5118.jpg
root@LCKali:~/Desktop/ImageMagickVuln#

图 4-99　未生成 output.txt 文件

第5章

网络与信息安全管理

5.1 网络与信息安全管理作用

5.1.1 网络与信息安全管理的重要作用

网络与信息安全管理是系统化的对组织内敏感信息进行管理，涉及人、程序和信息技术系统。网络与信息安全需要全面的综合治理。网络与信息安全的建设是一个系统工程，它需要对信息系统的各个环节进行统一的综合考虑、规划和构架，同时要兼顾组织内外不断发生的变化，任何环节上的安全缺陷都会对系统构成威胁。

5.1.2 网络与信息安全管理体系的作用

组织建立、实施与保持网络与信息安全管理体系将为组织带来如下益处，包括：

（1）强化员工的网络与信息安全意识，规范组织网络与信息安全行为。

（2）对组织的关键信息资产进行全面系统地保护，保持竞争优势。

（3）在信息系统受到侵袭时，确保业务持续开展并将损失降到最低。

（4）使组织的业务合作伙伴和客户对组织充满信心。

5.1.3 实施网络与信息安全管理的关键成功因素

网络与信息安全管理体系的实施并非是一项简单易行的工作，它的成功需要获得组织管理层的支持，特别要关注以下基本原则：

（1）对网络与信息安全需要的认知。

（2）指派网络与信息安全职责。

（3）协调管理承诺和利益相关方的利害关系。

（4）增加社会价值。

（5）通过风险评估来确定适当的控制措施，使风险达到可接受的水平。

（6）将安全作为一项基本要素融入信息网络和系统。

（7）对网络与信息安全时间的积极防范和检测。

（8）对网络与信息安全持续的再评估，并在适当时加以调整。

建立并保持一个有效的网络与信息安全管理体系，应采用网络与信息安全管理的相关标准作为指南。网络与信息安全管理标准来源于网络与信息安全领域全球接受的良好实践，通过标准可全面了解网络与信息安全管理方面行之有效的原则、方法和实践，为组织基于自身环境确立其实现网络与信息安全的路线、方针和具体运作提供了指南。

5.2　网络与信息安全应急管理

1988 年 11 月发生的莫里斯蠕虫病毒事件（Morris Worm Incident）使得当时的互联网超过 10％的系统不能正常运行。基于该事件以及对网络与信息安全应急的认识深入，卡内基梅隆大学的软件工程学院（SEI）向美国国防部高级研究项目处申请了资金，成立了计算机应急响应协调中心（CERT/CC），协调处理整个互联网的网络与信息安全应急响应。目前，CERT/CC 是美国国防部资助下的抗毁性网络系统计划的一部分，其下设事件处理、安全漏洞处理、计算机应急响应组（CSIRT）3 个部门。

CERT/CC 成立后，随着互联网的迅速发展，美国以及世界各地的学术研究机构、政府部门以及商业领域纷纷成立了与自身业务相关的应急响应机构。

我国早期的计算机安全事件应急工作主要包括计算机病毒防范和千年虫问题的解决，关于网络与信息安全应急响应的起步比较晚。1995 年 5 月，清华大学信息网络工程研究中心成立了中国第一个专门从事网络与信息安全应急响应的组织——中国教育和科研计算机网络与信息安全应急响应组 CCERT。1999 年 10 月，东南大学网络中心成立了中国教育网华东（北）地区网络与信息安全应急响应组 NJCERT。此外，中国电信成立了 ChinaNet 安全小组，解放军、公安部以及一些商业网络与信息安全服务公司也先后成立其 IRT。在这种发展形势下，需要一个组织来为各行业、部门以及公司的应急响应协调和交流提供便利条件，同时为政府提供应急响应服务，因而国家计算机网络与信息安全管理中心的中国计算机安全应急响应协调中心应运而生（CN-CERT/CC）。在其运作协调下，国内应急响应组织之间开展了一些国内的交流活动，也开始参与国际交流。

5.2.1　网络与信息安全应急组织

现有的网络与信息安全应急响应组织按其提供的服务和组织的性质大概可以分为五类：

第一类是一些国内或国际间的协调组织，如 FIRST、CN-CERT/CC 等。

第二类是网络服务提供商的 IRT 组织，如中国电信成立的 ChinaNet 安全小组等。

第三类是厂商 IRT，如 Cisco、IBM 等公司的应急响应组。

第四类是商业化的 IRT。

第五类是企业或政府自己的 IRT 组织，如美国银行的 BACIRT 等。

5.2.2　网络与信息安全事件分级分类

5.2.2.1　网络与信息安全事件概论

（1）网络与信息安全事件和应急响应的基本概念。

1）网络与信息安全事件：由于自然或人为以及软硬件本身缺陷或故障的原因，对信息系统造成伤害，或对社会造成负面影响的事件。

2）应急响应：组织为了应对突发/重大网络与信息安全事件的发生所作的准备以及在事件发生后采取的应对措施。应急响应机制一般由一级至四级依次减弱。

相关的国家标准有：

1)《中华人民共和国计算机信息系统安全保护条例》；

2) GB/Z 20985—2007《信息安全技术—信息安全事件管理指南》；

3) GB/T 20988—2007《信息安全技术—信息系统灾难恢复规范》；

4) GB/T 20984—2007《信息安全技术—信息安全风险评估规范》。

(2) 国家电网公司网络与信息安全事件分类、分级方法。参照以下规定执行：

1)《国家电网公司信息系统灾备建设管理细则》；

2)《国家电网公司信息系统安全管理办法》；

3)《国家电网公司网络与信息系统突发事件处置应急预案和公司通信系统突发事件处置应急预案》；

4)《国家电网公司信息通信事故调查规程》。

5.2.2.2 网络与信息安全事件和应急响应的基本目标

5.2.2.2.1 应急响应目标的限定

(1) 响应能力：确保安全事件和安全问题能够及时地发现并报告给适当的负责人。

(2) 决断能力：判断是否被定为安全问题或构成一个安全事件。

(3) 行动能力：在发生安全事件时依据掌握的资料能快速地采取必要的措施。

(4) 减少损失：在最短事件范围内使得损失最小。

(5) 效率：应急响应的投入与预防和解决安全事件带来的效益的关系，以及处理应急事件的能力表现。

为实现这些目标，必须建立一个管理系统处理安全事件。这时管理层有必要参与进来并最终让管理系统发挥作用，以提高对 IT 安全问题的认识，合理分配决定权，更好地支持安全目标。

5.2.2.2.2 网络与信息安全事件分类

网络与信息安全事件分为以下七类：

(1) 有害程序事件：病毒、蠕虫、木马等。

(2) 网络攻击事件：DDOS、后门攻击、扫描、钓鱼等。

(3) 信息破坏事件：信息被篡改、假冒、窃取等。

(4) 信息内容安全事件：危害国家安全、社会稳定等。

(5) 设备设施故障：软硬件自身故障和人为非技术破坏等。

(6) 灾害性事件：自然灾害、战争等。

(7) 其他网络与信息安全事件：不能归为以上 6 个类别的事件。

5.2.3 网络与信息安全事件应急处置

(1) 应急响应的作用。

1) 事先的充分准备，包括安全培训、制定安全政策和应急预案以及风险评估等，技术上要增加系统的安全性。

2) 事件发生后采取的抑制、根除和恢复等措施。其目的在于尽可能地减少损失或尽快恢复政策运行。

(2) 应急响应与其他网络与信息安全管理工作区别。

1）技术复杂性与专业性。当前一个信息系统、网络、应用都是由各种硬件平台、各类操作系统、种类繁多的应用软件以及形形色色的工作人员组成，其技术的复杂性和处理时间所需的专业程度是相当高的，这也决定了应急响应绝不是事后简单地收拾残局。

2）知识经验的依赖性。应急响应是由人来提供服务，而不是一个硬件或软件产品。从事应急响应服务的人员应具备相当丰富的经验，了解频繁发生（或可能发生）的事件主要类型以及相关风险。对应急响应最关键的要求是每次事件发生前已做好反应准备。了解哪些事件可能对用户所在的组织造成大量的损失、破坏或其他意想不到的结果，用户就能给予更多的关注和分配足够的资源来应对这类事件。

3）突发性强。事件的发生当然不可能如用户所愿，在用户认为合适的时候发生或不发生，它有可能发生在任何时候、任何场所。应急响应是由事件来决定的，因而它也是突发的。

4）需要广泛的协调与合作。许多人倾向于应急响应是技术人员才能胜任的工作。尽管大多数情况下技术人员是事件处理中的主要人员，但是应急响应还需要除了技术之外的技能。它还需要管理能力、法律知识、人际关系方面的培训、技术说明写作技巧，甚至心理学方面的知识。有效的应急响应不只依靠简单的技术诊断和凭借一些技巧来解决问题。一组不同技能的人员共同努力才能解决好应急事件，应急响应需要的是具有全面综合能力的团队。此外，整个组织应急响应管理体系和采用的应急响应流程也决定了应急响应的成败。

（3）事件应急响应步骤，如图 5-1 所示。

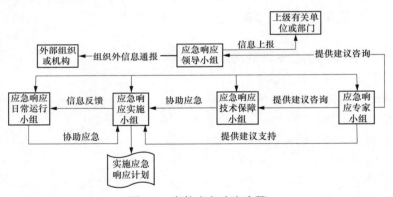

图 5-1　事件应急响应步骤

（4）应急响应管理主要内容

1）安全指南内容。安全事件的处理是 IT 安全管理的一个方面，因此应该被列入安全指南及机构公司的安全策略中。这些文件必须包括用户和受害单位报告给安全负责人的安全事件及安全问题。除此之外，还必须有对决断过程的描述并按照规定的过程动员员工。同时，安全指南也是管理层支持网络与信息安全的一个证明。

2）职责规范。规定在安全事件发生时谁应该承担什么责任。

a）用户：报告安全问题和安全事件。

b）管理员：接收报告、采取初步行动，根据得到的报告判断是一个安全问题还是一个安全事件，并提交给高层。

c）应用人员：参与决策过程，根据自己对应用要求的保护程度评估选择措施。

d）安全管理层：接收报告，判断是安全问题或安全事件，并采取措施，负责处理安全事件。

e）安全审计员：复查管理系统并评估安全事件。

f）管理层：做最后的决定。

3）处理安全事件的过程规则和报告渠道。为有效地处理安全事件，那些受到安全事件影响的部门以正确而稳健的方式来做出反应是很关键的，并且要立即报告事件。因此，必须定义必要的过程规则（包括保持镇定、报告责任、提供到场环境信息的义务等），并据此培训用户，其中要特别注意确定好网络与信息安全问题或事件的报告对象。

在发生安全事件时，可以提前起草好准备采取的行动指示（如出现计算机病毒、内部人员错误操作数据、外部黑客试图入侵等）。一旦发生紧急情况，人们能够迅速地反应以减少损失。由于这些准备工作并不是毫无作用的，因此应该将其纳入可能制订计划的相关部门的工作中。

4）安全事件的报告提交策略。根据安全事件的处理规则，安全事件越关键，需要的授权就越大。极端情形下，这意味着必须要及早报告给管理层，使其参与其中并采取必要的措施。无论哪种方法，都要求提前制订好提交策略，并制定在何种情况下要咨询何人的规定。

5）设置优先级。安全事件的产生，一般是各种不同的原因综合在一起达到一定程度时发生的结果。安全事件的后果会影响不同的信息应用领域，所有针对其采取的各种措施也应该根据应用领域的不同设置不同的优先级。优先级的设定取决于系统保护需求、信息应用范围以及机构或公司对应系统的依赖性。因此正如确定保护需求一样，要提前制定好优先级表，在安全事件发生后根据优先级按顺序采取相应的应急措施。

6）调查和评估安全事件的方法。一旦收到与安全相关的非正常现象的报告，就必须在刚开始判断它是被看作本地安全问题还是会构成一个潜在的损失更大的安全事件。在做判断之前，有很多因素需要被确定和评估（潜在的和持续的损失程度、原因、哪个信息系统受到影响、要采取何种措施等）。如果有必要，应执行提交策略中的规定，咨询上一级管理层。

7）针对安全事件采取补救措施。当采取必要的安全补救措施时，必须牢牢记住这些措施的实施是有时间限制的。因此，措施本身也可能引发新问题，将采取的措施用适当的方式存档是很重要的。

8）通知受影响各方。如果安全事件冲击的对象不仅仅限于机构、公司和企业内部个人，那么为控制损失，所有受影响的企业内部各部门和外部机构都应通知到。为提高通知速度，应提早建立沟通渠道和执行相关性分析。

5.3 网络与信息系统灾难恢复

5.3.1 灾难恢复概述

（1）灾难恢复的历史和背景

1979 年在美国宾夕法尼亚州的费城建立了专业的商业化灾难备份中心，并对外服务。1989 年美国的灾难恢复行业得到迅猛发展，有超过 100 家灾难备份服务商，1999 年经过大规模的合并和重组，市场上剩下 31 家灾难备份服务商，而灾难恢复的业务量以每年 15％的速度增长。

国内现状：20 世纪 90 年代末期，一些组织在信息化建设的同时，开始关注对数据安全的保护，进行数据备份。2000 年，"千年虫"事件引发了国内对于信息系统灾难的第一次集体性关注，但 911 事件所带来的震动才开始真正引起大家对灾难恢复的关注。

（2）灾难事件的定义。由于人为或自然的原因，造成信息系统运行严重故障或瘫痪，使信息系统支持的业务功能停顿或服务水平不可接受，通常导致信息系统需要切换到备用场地运行的突发事件。典型的灾难事件包括自然灾害，如火灾、洪水、地震、飓风、龙卷风和台风等，还有技术风险和提供给业务运营所需的服务中断，如设备故障、软件错误、通信网络中断和电力故障等。此外，人为的因素也往往会酿成大祸，如操作员错误、植入有害代码和恐怖袭击等。

（3）灾难恢复的政策要求和相关标准。2003 年，我国先后出台《国家信息化领导小组关于加强信息安全保障工作的意见》《国家信息安全战略报告》《国家信息安全"十一五"规划》等政策性、指导性文件。2004 年 9 月，国家网络与信息安全协调小组办公室发出《关于做好重要信息系统灾难备份工作的通知》，提出了"统筹规划、资源共享、平战结合"的灾难备份工作原则。2007 年 6 月，《重要信息系统灾难恢复指南》经修订完善后正式成为国家标准，国家质量监督检验检疫总局以国家标准的形式正式发布了《信息安全技术-信息系统灾难恢复规范》（GB/T 20988—2007）。

（4）灾难恢复的含义和目标。灾难恢复（disaster recovery）是指将信息系统从灾难造成的故障或瘫痪状态恢复到可正常运行状态，并将其支持的业务功能从灾难造成的不正常状态恢复到可接受状态而设计的活动和流程。它的目的是减轻灾难对单位和社会带来的不良影响，保证信息系统所支持的关键业务功能在灾难发生后能及时恢复和继续运作。

灾难恢复主要涉及的技术和方案有数据的复制、备份和恢复，本地高可用性方案和远程集群等。但灾难恢复不仅仅是恢复计算机系统和网络，除了技术层面的问题，还涉及风险分析、业务影响分析、策略制定和实施等方面。因此，灾难恢复是一项系统性、多学科的专业工作。

（5）灾难备份。为了灾难恢复而对数据、数据处理系统、网络系统、基础设施、专业技术支持能力和运行管理能力进行备份的过程。

（6）灾难恢复规划。这是一个周而复始、持续改进的过程，包含以下四个阶段：

1）灾难恢复需求的确定；

2）灾难恢复策略的制定；

3）灾难恢复策略的实现；

4）灾难恢复预案的制定、落实和管理。

（7）灾难恢复预案。它是定义信息系统灾难恢复过程中所需的任务、行动、数据和资源的文件。用于指导相关人员在预定的灾难恢复目标内恢复信息系统支持的关键业务功能。

（8）系统恢复和容错能力。

1）系统恢复能力：指系统在发生不利事件时仍然继续运行的能力。

2）容错能力：指系统在发生故障的情况下仍然继续运行的能力。容错能力是通过添加冗余组件实现的。

（9）灾难恢复与灾难备份、数据备份。灾难备份是灾难恢复的基础，是围绕着灾难恢复所进行的各类备份工作。灾难恢复不仅包含灾难备份，更注重的是业务恢复。

数据备份通常包含文件复制、数据库备份。数据备份是数据保护的最后一道防线，其目的是为了在重要数据丢失时能够对原始数据进行恢复。从灾难恢复的角度来看，与数据的及时性相比更应关注备份数据和源数据的一致性和完整性，而不是片面地追求数据无丢失。一方面，任何灾难恢复系统实际上都是建立在数据备份基础之上的；另一方面，数据备份策略的选择取决于灾难恢复目标。

（10）恢复时间目标与恢复点目标。

1）恢复时间目标（Recovery Time Objective，RTO）是指灾难发生后，信息系统或业务功能从停顿到必须恢复的时间要求。

2）恢复点目标（Recovery Point Objective，RPO）是指灾难发生后，系统和数据必须恢复到时间点要求。

公司应进行风险分析和业务影响分析，了解所存在的各种风险及其程度，以及灾难恢复系统建设的需求，业务系统的应急需求和恢复先后顺序，完成系统灾难恢复的各项指标。风险分析和范围是灾难恢复目标的主要组成部分，需根据业务影响分析的结果，确定各系统的灾难恢复时间目标和恢复点目标。

（11）信息系统灾难恢复规划和实施。灾难恢复可以划分为 7 个等级，划分时需考虑：①备份/恢复的范围；②灾难恢复计划的状态；③应用中心与灾备中心之间的距离；④应用中心与灾备中心之间是如何相互连接的；⑤数据是怎样在两个中心之间传递的；⑥有多少数据被丢失；⑦怎样保证更新的数据在备份中心被更新；⑧备份中心可以开始备份工作的能力。

根据灾难恢复 7 级划分：

1）0 层（Tier0）——没有异地数据（No off-site Data），即没有任何异地备份或应急计划。数据都在本地进行备份恢复，没有数据送往异地，事实上这一层并不具备真正灾难恢复能力。

2）1 层（Tier1）——PTAM 卡车运送访问方式（Pickup Truck Access Method）。Tier1 的灾难恢复方案必须设计一个应急方案，能够备份所需要的信息并将它存储在异地。PTAM 是指将本地备份的数据用交通工具运送到远方。这种方案相对来说成本较低，但难于管理。

3）2 层（Tier2）——PTAM 卡车运送访问方式＋热备份中心（PTAM＋Hot Center）。Tier2 相当于 Tier1 再加上热备份中心能力的进一步灾难恢复。热备份中心拥有足够的硬件和网络设备去支持关键应用。相比 Tier1，明显降低了灾难恢复的时间。

4）3 层（Tier3）——电子链接（Electronic Vaulting）。Tier3 是在 Tier2 的基础上用电子链路取代卡车进行数据传递的进一步灾难恢复。热备份中心需保持持续运行，增加了成本，但提高了灾难恢复速度。

5）4 层（Tier4）——活动状态备份中心（Active Secondary Center）。Tier4 是指两个中心同时处于活动状态，并同时互相备份，在这种情况下工作负载可能在两个中心之间分享。灾难发生时，关键应用的恢复也可恢复到小时级或分钟级。

6）5 层（Tier5）——两个活动的数据中心，确保数据传输的两个阶段一致性承诺（Two-Site TWO-Phase Commit）。Tier5 提供更好的数据完整性和一致性，也就是说需要两中心和中心数据都被同时更新。在灾难发生时，仅是传送中的数据被丢失，恢复时间降低到分钟级。

7）6 层（Tier6）——0 数据丢失（Zero Date loss）。Tier6 可以实现 0 数据丢失率，被认为是灾难恢复的最高级别。在本地和所有的数据被更新的同时，利用双重在线存储和完全的网络切换能力，当发生灾难时，能够提供跨站点动态负载平衡和自动系统故障切换功能。

5.3.2 灾难恢复过程

5.3.2.1 业务连续性规划（Business Continuity Planning，BCP）

业务连续性规划是灾难事件的预防和反应机制，是一系列事先制定的策略和规划，确保单位在面临突发的灾难事件时，关键业务功能能持续运作、有效地发挥作用，以保证业务的正常和连续。业务连续规划不仅包括对信息系统的恢复，还包括关键业务运作、人员及其他重要资源等的恢复和持续

5.3.2.2 业务连续性管理（Business Continuity Management，BCM）

业务连续性管理是为保护组织的利益、声誉、品牌和价值创造活动，找出对组织有潜在影响的威胁，提供建设组织有效反应恢复能力的框架的整体管理过程。包括组织在面临灾难时对恢复或连续性的管理，以及为保证业务连续计划或灾难恢复预案的有效性的培训、演练和检查的全部过程。

5.3.2.3 灾难恢复组织

灾难恢复组织应由管理、业务、技术和行政后勤等人员组成，通常会分为灾难恢复规划领导小组、灾难恢复规划实施组和灾难恢复规划日常运行组等角色，如图 5-2 所示。

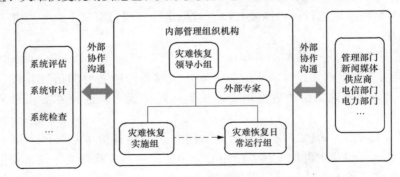

图 5-2　灾难恢复组织关系图

可聘请外部专家协助灾难恢复规划工作，也可委托外部机构承担实施组和运行组的部分或全部工作。

5.3.2.4 灾难恢复管理过程

（1）风险分析。主要内容包括：

1）明确恢复成本与恢复时间的关系；

2）明确恢复损失与恢复时间的关系。

（2）业务影响分析。主要内容包括：

1）明确关键业务功能和支持关键业务功能的关键应用系统；

2）明确系统中断对业务的损失和影响；

3）明确各业务系统的恢复目标和内外部依赖关系；

4）确定各业务功能灾难恢复指标（RTO/RPO）；

5）明确各业务功能恢复的最小资源需求及恢复策略。

（3）确定灾难恢复目标。主要内容包括：

1）根据风险分析评估风险的高低；

2）根据业务分析评估中断的影响；

3）确定灾难恢复目标。

（4）制定灾难恢复策略。主要内容包括：

1）根据数据备份系统、备用数据处理系统、备用网络系统、备用基础设施（本单位所有、共建或租赁）、专业技术支持能力、运行维护管理能力和灾难恢复预案等要素，制定恢复策略；

2）确定所需的灾难恢复资源；

3）明确恢复资源的获取方式；

4）明确对恢复资源的具体要求（需要具备的灾难恢复能力等级）。

（5）实现灾难恢复策略。重点是灾难备份中心的选择和建设，主要内容如下：

1）选址原则；

2）基础设施要求；

3）灾难备份系统技术方案的实现；

4）技术方案的设计、验证、开发、安装和测试；

5）专业技术支持能力的实现。

（6）建立技术支持组织，定期开展技能培训。运行维护管理能力的实现通过以下工作实现：

1）灾难备份中心应建立各种操作规程和管理制度；

2）保证备份的及时性和有效性；

3）保证有效的应急响应、处理能力。

（7）灾难恢复预案的制定、落实和管理。主要内容包括：

1）灾备中心应建立相应的技术支持组织，定期对技术支持人员进行技能的教育和培训；

2）灾备中心应建立各种操作规程和管理制度，以实现运行维护管理能力；

3）掌握灾难恢复规划过程，包括灾难恢复需求分析、灾难恢复策略制定、灾难恢复策略实现、灾难恢复预案制定和管理。

5.3.2.5 制定灾难恢复预案的主要内容

（1）确定风险场景；

（2）描述可能受到的业务影响；

（3）描述使用的预防性策略；

（4）描述灾难恢复策略；

（5）识别和排列关键应用系统；

（6）行动计划；

（7）团队和人员的职责；

（8）联络清单；

（9）所需配置的资源。

5.3.2.6 灾难恢复预案的制定原则

（1）完整性；

（2）易用性；

（3）明确性；

（4）有效性；

（5）兼容性。

5.3.2.7 制定灾难恢复预案的一般流程

制定框架-起草-评审-修订-测试-完善-审核和批准。

5.3.2.8 灾难恢复预案的教育、培训和演练

（1）教育：在规划初期即开始进行灾难恢复观念的先传教育。

（2）培训：评估培训需求，确定培训的频次和范围，开发培训课程，保留培训记录。

（3）演练：制订演练计划，说明演练场景，记录演练过程，编制演练报告

5.3.2.9 灾难恢复的演练

（1）主要方式：桌面演练、模拟演练、实战演练等。

（2）演练深度：数据级演练、应用级演练、业务级演练。

（3）准备情况：计划内的演练和演习、计划外的演练和演习。

5.3.2.10 同城和异地灾备中心比较

（1）同城：指灾难备份中心与生产中心处于同一区域性风险威胁的地点，但又有一定距离的地点，如数十公里以内。

优点是技术上可以支持同步的数据实时备份方式，便于运营管理和灾难演练；缺点是地狱灾难能力方面有局限性，对地震、区域停电、战争等大规模灾难防范能力较弱。

（2）异地：指灾备中心不会同时遭受与生产中心同一区域性风险威胁的地点。

优点是对地震、区域性停电、战争等大规模灾难防范能力较强；缺点是技术上只能支持异步或者定点拷贝的数据复制方式，运行管理和灾难演练的成本较高。

5.3.3 灾难恢复能力

5.3.3.1 国家电网公司信息系统灾备能力情况

国家电网公司信息系统分为两类：

（1）一级部署信息系统：是公司集中部署，公司各级单位用户使用的业务系统（含灾备系统）。

（2）二级部署信息系统：是公司总部、省公司级单位分别部署，公司各级单位用户使用的业务系统。

5.3.3.2　恢复能力级别

恢复能力级别分为六级。

（1）第一级。须达到以下要求：

1）介质存储：为各种磁介质、光介质和纸介质提供存储服务。具有高标准的介质存储环境和设施。

2）机房环境：根据客户的要求，灾备中心为客户准备符合国家标准的机房环境。

3）数据备份：完全数据备份至少每周一次。

4）满足《信息系统灾难恢复规范》（GB/T 20988—2007）灾难恢复等级第1级要求。

5）完全数据备份至少每周一次。

6）备份介质场外存放。

7）有介质存取、验证和转储管理制度。

8）按介质特性对备份数据进行定期的有效性验证。

9）在灾难恢复时，可享有规范运行的数据中心环境和7×24小时专业技术支持。

（2）第二级。须达到以下要求：

1）介质存储：为各种磁介质、光介质和纸介质提供存储服务。具有高标准的介质存储环境和设施；具有7×24小时门禁、视像监控和保安管理；提供7×24小时响应的媒体存放及获取服务。

2）机房环境：根据客户的要求，灾备中心为客户准备符合国家标准的机房环境，包含符合灾难备份原则的机房选址，具备高抗震指标、高承重提升地板的物理建筑，具备多路专线供电线路、长延时冗余UPS系统、备用发电机组、专业精密空调系统以及气体灭火系统等各种基础设施，具备7×24小时严格出入授权控制和7×24小时监控录像措施和严格的管理规范，以满足客户对灾难演练和灾难恢复期间的机房环境要求。

3）网络备份：根据客户的要求，灾备中心可为客户预留所需的通信接入端口，以满足客户在灾难演练和灾难恢复期间对通信线路的要求。

4）灾难恢复：一旦灾难发生，灾备中心可在约定的时间内提供灾难备份中心中所需的机房场地，客户能在此环境中快速安装设备系统，利用备份磁带尽快恢复信息系统的运行。

5）技术支持和业务恢复环境：灾备中心还可为客户提供所需IT系统的技术支持服务、符合条件的介质存储场地及业务恢复运作的工作环境及各类办公后勤环境。

6）满足《信息系统灾难恢复规范》（GB/T 20988—2007）灾难恢复等级第2级要求。

7）可为客户的媒体数据提供保护。

8）客户节省了对机房建设及机房配套设施的大量投资和长时间的建设周期，直接获得了符合国家标准的机房环境和严格规范的机房管理服务。

9）提供必要的网络接入端口，大大减少客户临时申请线路的长时间周期。

10）用户可尽快完成有关设备系统的置备和安装，迅速恢复业务；在灾难恢复时，可享有规范运行的数据中心环境和7×24小时专业技术支持。

（3）第三级。须达到以下要求：

1）介质存储：为各种磁介质、光介质和纸介质提供存储服务。具有高标准的介质存储环境和设施；具有 7×24 小时门禁、视像监控和保安管理；提供 7×24 小时响应的介质存放及获取服务。

2）机房环境：为客户准备符合国家标准的机房环境，以满足客户对灾难演练和灾难恢复期间的机房环境要求。

3）主机备份：根据客户 IT 系统平台，灾备中心为客户准备符合客户要求的备份主机及外围设备，并在指定时间内确保这些设备处于硬件就绪状态，以满足客户灾难演练和灾难恢复所需的数据处理能力需求。

4）网络备份：根据客户分支机构或服务渠道的通信网络需求，灾备中心可为客户配备必要的备份通信线路及网络设备，以满足客户在灾难演练和灾难恢复期间所需的通信网络要求。

5）灾难恢复：一旦灾难发生，灾备中心可在约定的时间内提供灾难备份中心中所需的机房场地，并提供备用主机和外围设备，使客户能够利用备份磁带尽快恢复客户信息系统的运行；同时还为客户提供必要的通信线路和网络设备，以便客户建立所需的通信网络，尽快恢复业务。

6）技术支持和业务恢复环境：灾备中心可为客户提供所需 IT 系统的技术支持服务、符合条件的介质存储场地及业务恢复运作的工作环境及各类办公后勤环境。

7）满足《信息系统灾难恢复规范》（GB/T 20988—2007）灾难恢复等级第 2 级要求。

8）可为客户的媒体数据提供保护。

9）可以使客户在 24～48 小时内恢复业务的运作。

10）节省客户在备份机房建设和备份主机设备等方面的大量投资。

11）提供备份网络接入设备和网络接口，可以帮助客户迅速恢复服务渠道和分支机构的业务运作。

12）在灾难恢复时，可享有规范运行的数据中心环境和 7×24 小时专业技术支持。

（4）第四级。须达到以下要求：

1）数据备份：灾备中心可根据客户信息系统特点，采用业界先进的在线数据备份技术，建立面向客户的数据备份系统，每天定时或批量传送备份数据，为客户实现重要业务数据的远程备份及其运行管理服务；可支持 S/390、Tandem、AS/400、RS/6000、HP、SUN、PC Server 等各类 IT 系统平台。

2）机房环境：为客户准备符合国家标准的机房环境，以满足客户对灾难演练和灾难恢复期间的机房环境要求。

3）主机备份：根据客户 IT 系统平台及数据备份要求，灾备中心为客户配备符合客户要求的备份主机及外围系统，并对处于运行状态下的主机及外围系统进行日常维护，在满足客户对灾难演练和灾难恢复所需的数据处理能力要求的基础上，进一步满足客户对业务恢复时间的要求。

4）网络备份：根据客户分支机构或服务渠道的通信网络需求，灾备中心可为客户配备必要的备份通信线路及网络设备，以满足客户在灾难演练和灾难恢复期间的通信网络要求。

5）灾难恢复：一旦灾难发生，灾备中心已保留有客户生产系统在线备份的最新业务数据，客户可在此备份数据的基础上，使用灾备中心的机房场地、备用主机及外围系统，迅速恢复信息系统的运行；各服务渠道及各分支机构可在建立与备份中心的网络连接后立即恢复业务运作，进一步提高客户业务恢复的速度。

6）技术支持和业务恢复环境：灾备中心还可为客户提供所需 IT 系统的技术支持服务、符合条件的介质存储场地及业务恢复运作的工作环境及各类办公后勤环境。

7）满足《信息系统灾难恢复规范》（GB/T 20988—2007）灾难恢复等级第 3、4 级要求。

8）节省客户在备份机房建设和备份主机设备等方面的大量投资。

9）享有 7×24 小时备份中心的专业技术支持和专业规范长期运营队伍支持。

10）客户数据得到在线电子传输方式的备份，可使客户数据的丢失范围控制在 24 小时之内。

11）在备份中心为客户建立备份的主机系统及网络系统，并有快速恢复措施，业务恢复时间可控制在 8～24 小时之内。

（5）第五级。须达到以下要求：

1）数据备份：灾备中心可根据客户信息系统特点，采用业界先进的远程数据备份技术，建立与生产中心宽带通信线路，采用同步或异步方式实时在线备份数据，并可以通过两阶段提交等先进技术手段来进一步保证交易数据的完整性和有效性，为客户实现重要业务数据的远程实时备份和客户的业务连续性提供强有力的保护，并为数据备份系统提供运行管理服务；可支持 S/390、Tandem、AS/400、RS/6000、HP、SUN 等多种 IT 系统平台。

2）主机备份：根据客户 IT 系统平台及数据备份要求，灾备中心为客户配备符合客户要求的备份主机及外围系统，并对处于运行状态下的主机和外围系统进行日常维护，在满足客户对灾难演练和灾难恢复所需的数据处理能力要求的基础上，使客户业务恢复时间进一步缩短。

3）网络备份：根据客户分支机构或服务渠道的通信网络需求，灾备中心可为客户配备必要的备份通信线路及网络设备，并可按不同服务渠道建立备份通信网络系统，以满足客户在灾难演练和灾难恢复期间的通信网络要求。

4）灾难恢复：一旦灾难发生，灾备中心已保留有客户生产系统实时备份的最新业务数据，客户可在此备份数据的基础上，使用灾备中心的机房场地、备用主机及外围系统，立即恢复信息系统运行；各服务渠道及各分支机构也可快速切换到备份中心的通信网络系统，迅速恢复业务运作，大大缩短了客户业务全面恢复的时间。

5）技术支持和业务恢复环境：灾备中心还可为客户提供所需 IT 系统的技术支持服务、符合条件的介质存储场地及业务恢复运作的工作环境及各类办公后勤环境。

6）满足《信息系统灾难恢复规范》（GB/T 20988—2007）灾难恢复等级第 5 级要求。

7）节省客户在备份机房建设和备份主机设备等方面的大量投资。

8）享有 7×24 小时备份中心的专业技术支持和专业规范长期运营队伍支持。

9）客户数据得到在线实时传输备份，可使客户数据的丢失范围控制在秒级到几小时之内。

10）备份中心主机与备份网络均实时运行和处于随时就绪状态，业务恢复时间可控制在宣告灾难后几十分钟至几小时之内。

（6）第六级。须达到以下要求：

1）数据备份：灾备中心可根据客户信息系统特点和需要，采用业界先进的远程数据备份技术和集群技术，建立与生产中心宽带通信线路，通过先进的集群技术和远程数据备份技术，实现备份中心与生产中心的系统负载均衡和数据实时同步更新，以实现远程集群高可用性服务和自动灾难切换，为客户实现重要业务最高等级的业务连续性服务，并为备份系统提供运行管理服务；可支持 S/390、UNIX 等系统平台。

2）主机备份：根据客户 IT 系统平台及数据备份要求，灾备中心为客户配备符合客户要求的备份主机及外围系统，并对处于运行状态下的主机和外围系统进行日常维护，满足客户对灾难演练和灾难恢复所需的数据处理能力的高标准要求。

3）网络备份：根据客户分支机构或服务渠道的通信网络需求，灾备中心可为客户配备实时连通的备份通信线路及网络系统，并可提供多家电信运营商的备份通信线路，以满足客户在灾难演练和灾难恢复期间对通信网络的高可靠性要求。

4）灾难恢复：一旦灾难发生，灾备中心的远程集群系统将利用实时最新业务数据自动进行系统切换，客户的分支机构及服务渠道也可自动切换到备份中心的网络系统，在短时间内恢复客户信息系统的运作，避免客户业务及对外服务出现停顿。

5）技术支持和业务恢复环境：灾备中心还可为客户提供所需 IT 系统的技术支持服务、符合条件的介质存储场地及业务恢复运作的工作环境及各类办公后勤环境。

6）满足《信息系统灾难恢复规范》（GB/T 20988—2007）灾难恢复等级第 6 级要求。

7）节省客户在备份机房建设等方面的大量投资。

8）享有 7×24 小时备份中心的专业技术支持和专业规范长期运营队伍支持。

9）客户数据得到实时同步更新，保证业务数据的一致性和完整性。

10）备份中心的远程集群系统及网络系统可自动进行负载均衡和系统切换，业务恢复时间可控制在分钟级。

11）在容灾备份系统中，广道容灾备份系统已达到 GB/T 20988—2007 规定的灾难恢复能力等级指标第六级（金融机构等重要信息系统要求 5 级以上）。

5.3.4 灾难恢复技术

5.3.4.1 备份技术

（1）备份方式。分为全备份、增量备份和差分备份三种。

1）全量备份：备份全部选中的文件夹，并不依赖文件的存档属性来确定备份哪些文件。在备份过程中，任何现有的标记都被清除，每个文件都被标记为已备份，换言之，清除存档属性。

全量备份就是指对某一个时间点上的所有数据或应用进行的一个完全拷贝。实际应用中就是用一盘磁带对整个系统进行全量备份，包括其中的系统和所有数据。这种备份方式最大的好处是只要用一盘磁带，就可以恢复丢失的数据，因此大大加快了系统或数据的恢复时间。它的不足之处在于，各个全备份磁带中的备份数据存在大量的重复信息；另外，由于每次需要备份的数据量相当大，因此备份所需时间较长。

2）增量备份：针对上一次备份（无论是哪种备份），备份上一次备份后（包含全量备份、差异备份、增量备份）所有发生变化的文件。增量备份过程中，只备份有标记的选中的文件和文件夹，它清除标记，即备份后标记文件，换言之，清除存档属性。

增量备份是指在一次全备份或上一次增量备份后，以后每次的备份只需备份与前一次相比增加或者被修改的文件。这就意味着，第一次增量备份的对象是进行全备份后所产生的增加和修改的文件；第二次增量备份的对象是进行第一次增量备份后所产生的增加和修改的文件，如此类推。这种备份方式最显著的优点是：没有重复的备份数据，因此备份的数据量不大，备份所需的时间很短。但增量备份的数据恢复比较麻烦，必须具有上一次全备份和所有增量备份磁带（一旦丢失或损坏其中的一盘磁带，就会造成恢复的失败），并且它们必须沿着从全备份到依次增量备份的时间顺序逐个反推恢复，因此极大地延长了恢复时间。

3）差异备份：针对完全备份，备份上一次的完全备份后发生变化的所有文件。差异备份是指在一次全备份后到进行差异备份的这段时间内，对那些增加或者修改文件的备份。在进行恢复时，只需对第一次全量备份和最后一次差异备份进行恢复。差异备份在避免了另外两种备份策略缺陷的同时，又具备了它们各自的优点。首先，它具有了增量备份需要时间短、节省磁盘空间的优势；其次，它又具有了全备份恢复所需磁带少、恢复时间短的特点。系统管理员只需要两盘磁带，即全备份磁带与灾难发生前一天的差异备份磁带，就可以将系统恢复。

（2）三种备份方式的特点。按备份数据量，从多到少排序为全量备份—差异备份—增量备份；按数据恢复速度，从快到慢顺序：全量备份-差异备份-增量备份

5.3.4.2　备用场所

5.3.4.2.1　备用场所分类

灾难恢复计划中最重要的要素之一是在主要的工作站点无法使用时选择可以替代的工作站点。可以替代的工作站点分为冷站点、热站点、温站点和移动站点。

注意：选择任何可替代的工作站点时，一定要确认该场所远离主站点，从而使其不会与主站点一起受到相同灾难的影响。但是也要近一些，至少在一天内能开车到达那里。

（1）冷站点：冷站点只是备用设施，它有足够大的场所处理组织的运营工作，并带有适当的电子和环境支持系统。冷站点可能是大的仓库、空的办公大楼或者其他类似的建筑物。然而，站点内没有预先安装计算设施（硬件或软件），也没有可以使用的宽带通信链接。许多冷站点内确实有一些铜制电话线，某些站点可能还具有备用链接，从而可以使用最低限度的通知设备。

（2）热站点：热站点恰好与冷站点相对。这种类型的建筑布局中具有固定的被维护的备用工作设施，并且附带完备的服务器、工作站和通信链接设备，准备承担主要的营运职责。服务器和工作站都是预先配置好的，并且已经装载了适当的操作系统和应用软件。

主站点服务器上的数据会被定期或持续地复制到热站点中相对应的服务器上，从而

确保热站点中所有数据都是最新的。根据两个站点之间可以使用的带宽，热站点中数据可以立即被复制，如果能做到这一点，那么操作人员一接到通知就可以移动到热站点进行操作。如果无法做到这一点，那么灾难恢复管理人员通过下列三种方法来启用热站点：

1）如果主站点被关闭之前有充足的时间，则可以在操作控制转换之前强制在两个站点之间进行数据复制。

2）如果按1）这样做不可能，则可以从主站点搬运事务日志的备份磁带到热站点，并且以手工方式应用自上次复制以来发生的事务。

3）如果没有任何可用的备份并且无法强制进行复制，则灾难恢复团队只能接受部分数据的损失。

（3）温站点：温站点介于热站点和冷站点之间，是灾难恢复专家可选择的中间场所。这种站点往往包含快速建立运营体系所需的设备和数据线路。与热站点一样，这些设备通常是预先配置好的，并准备就绪，可用于运行合适的应用程序，以便支持组织的业务运作。然而，与热站点不同的是，温站点一般不包含客户数据备份。使温站点完全处于运营状态的要求是将合适的备用介质运送到温站点，并且在备用服务器上还原关键数据。在崩溃后，重新激活站点至少需要12小时。注意，这并不意味着能够在12个小时激活的站点就是热站点。大多数热站点的切换时间都在几秒或几分钟之内，完成交接时间也很少超过一个或两个小时。

（4）移动站点：对于传统的恢复站点而言，移动站点属于非主流的替代方案。它们通常由设备齐全的拖车或其他容易重新安置的单元组成。这些场所拥有为维持安全计算环境所需的所有环境控制系统。较大的公司有时候以"移动方式"维护这些站点，随时准备通过空运、铁路、海运或地面运输，在全世界任何地点部署它们。小一些的公司可以在本地与移动站点的供应商联系，这些供应商提供的服务是以客户的随时需求为基础的。

5.3.4.2.2　各备用场所优缺点

冷站点的主要优点是成本相对便宜，也就是说没有需要维护的计算基础设施，如果站点未被使用，那么就没有每月的通信费用。然而，这种站点的缺点也显而易见的，即在制定决策启用该站点到该站点实际准备好能够支撑业务运营间，存在巨大的时间滞后问题。必须先购买服务器和工作站，然后进行安装配置。数据必须从备份磁带中还原。通信链接必须被启动或建立。启动使用冷站点的时间通常需要数个星期，因此及时地完成恢复过程是不可能的，并且经常会产生安全假象。

热站点的优点相当明显，这种类型的场所能提供的灾难恢复保护程度是非常好的，然而成本也是极高的。一般来说，为了维护热站点，组织购买硬件、软件和服务的预算会增加1倍，而且需要额外的人力进行维护。如果使用了热站点，一定不要忘记那里具有产品数据的副本。同时，要确认热站点与主站点提供相同级别的技术和物理安全控制。

温站点能够避免在维护操作环境的实时备份方面耗费电信及人工费用。有了热站点和冷站点，也可以通过共享基础设施得到温站点。如果选择这种方式，须确保在无锁定政策中写明，即使在高需求时期，仍对合适的设备有使用权。深入了解此概念并检查合伙人操作计划，以确定设备能够备份"无锁定"保证。

如果灾难恢复计划依赖于工作组的恢复策略，那么移动站点可能是实现这一过程的好方法。移动站点的空间通常足够大，以至于能容纳整个小型的工作组。根据要支持的灾难恢复计划，移动站点一般可以被配置为冷站点或温站点。当然，移动站点还可以被配置为热站点，但并不经常这样做，原因在于通常不会提前知道移动站点会部署在哪里。

如果是租用服务局的站点，在发生灾难时，服务局的工作人员通常能够为你的所有IT需求提供支持，甚至工作人员还能够使用台式机。与服务局签署的合同往往包含测试和备份以及响应时间和可用性。不过，服务局往往投机于不会同时履行所有合约而超卖实际容量。因此，在出现严重的灾难时存在潜在的资源竞争。如果公司位于行业密集的区域，那么这个因素一定要考虑到，为了确保有权使用处理设施，可能需要同时选择本地和远距离的服务局。

在云中存储准备运行的镜像是经济实惠的，在云站点被激活之前能够避免大部分的操作成本。

参 考 文 献

[1] 林琳. 国内外信息安全现状研究分析. 信息安全与技术，2015（9）：64-66.

[2] 陈春霖. 面向智能电网的信息安全主动防御保障体系建设. 中国信息安全，2016（11）：54-57.

[3] 彭新光，王峥. 信息安全技术与应用. 北京：人民邮电出版社，2013：1-5.

[4] 雷万云. 信息安全保卫战. 北京：清华大学出版社，2012：40-41.